어린이 과학총서

탐구왕의 과학실험

어린이 과학총서

탐구왕의 과학실험

이학박사 윤 실 편저
김 승옥 그림

전파과학사

차 례

제3장 물과 공기의 성질

제6장 식물의 생장과 성질

제7장 생활속의 과학실험

제8장 과학의 트릭 · 생활 공작

머리말

과학은 국력입니다. 우리나라의 미래는 어린이 여러분의 과학 능력에 달렸습니다. 전파과학사의 〈어린이 과학 총서〉는 여러분을 그러한 과학자로 이끌어가는 책입니다. 여러 가지 과학실험을 많이 하면,

❶ 과학이 점점 쉽고 재미있어집니다.
❷ 영화 속의 맥가이버처럼 언제 어디서나 독창적인 아이디어가 많이 나옵니다.
❸ 온갖 장비와 도구의 원리를 알고 잘 사용할 줄 알게 됩니다.
❹ 위험에 처했을 때 극복하는 지혜를 줍니다.

이 책에 실린 내용은 실험실이 아닌 집이나 야외에서 할 수 있는 것들이며, 실험을 위해 돈을 들여 사야할 것은 거의 없습니다. 다만 실험할 때 주의해야 할 사항이 있습니다.

❶ 먼저 각 실험마다 전체를 읽어 내용을 이해한 뒤, 준비물을 차리고, 순서(실험 방법)에 따라 실험합니다.
❷ 실험에 쓰이는 '준비물'은 전부 옆에 가져다 놓습니다. 준비물은 이 책에서 지정한 것과 똑같지 않아도 응용하여 할 수 있습니다.
❸ '실험 방법'은 순서를 잘 지켜야 하며, 안전에 주의해야 합니다. 만일 손수 하기 어렵거나 위험한 일이라고 생각되면 부모님의 도움을 받도록 해야 합니다.
❹ '실험 결과'에서는 실험의 답을 쓴 것도 있지만, 어떤 것은 직접 실험하여 해답을 여러분이 찾아내야 합니다.
❺ 과학실험이나 공작은 정확해야 하므로 길이, 무게, 부피 등을 측정할 때는 세심하게 합니다. 실험한 내용과 결과 및 의문사항 등은 기록으로 남기도록 합니다. 여러분이 오늘 가진 의문이 뒷날 매우 중요한 연구과제가 될 수 있기 때문입니다.
❻ 수학적으로 풀어야 할 것에 대해서는 스스로 할 수 있는 범위까지 해보도록 합니다. 과학자는 수학공부도 잘 해야 하는 이유를 실험 중에 알게 될 것입니다.

내용 구성

이 책의 실험 내용은 다음과 같이 5개의 항목으로 구성했습니다.
❶ 제목 – 실험의 제목과 실험을 하는 이유를 간단히 나타냅니다.
❷ 실험 목적 – 무엇을 알기 위해서 이 실험을 하는지 그 목적을 나타냅니다. 과학논문의 '서론'과 비슷합니다.
❸ 준비물 – 실험, 관찰, 공작에 필요한 재료를 모두 표시합니다.
❹ 실험 방법 – 실험을 성공적으로 해가는 과정을 순서대로 보여줍니다.
❺ 실험 결과 – 실험을 통해 알게 된 사실(결과)을 말해줍니다.
❻ 연구 – 실험의 결과가 나타나는 이유를 설명합니다. 그 외에 실험과 연관된 중요한 내용을 설명하면서, 실험 후 새롭게 생길 수 있는 의문들도 적었습니다. 독자들은 이 외에도 더 많은 질문이 생길 것입니다.

이 책에 실린 내용의 자랑

❶ 어려워 보이던 자연의 법칙과 원리를 쉽게 이해하며, 익힌 것은 영구히 잊지 않도록 머리속에 기억시켜줍니다.

❷ 과학자처럼 관찰하고 생각하는 능력과 태도를 가지게 합니다.

❸ 많은 궁리를 깊이 함으로써 창조력이 넘치는 훌륭한 발명 발견 능력을 가진 과학자로 성장하게 합니다.

❹ 실험은 할수록 더 많은 의문을 가지게 하며, 동시에 더 많은 것을 알고 싶어 하는 지식욕을 가지게 됩니다.

❺ 문제들을 깊이 분석하고, 논리적으로 생각하고, 추리하고, 파헤치는 능력을 기릅니다.

❻ 계획성 있는 버릇을 갖게 하며, 무슨 일을 하더라도 높은 해결능력을 가진 사람이 됩니다.

❼ 손수 만들고 실험한다는 것은 스스로 공부하고 일하는 독립정신을 길러줍니다.

❽ 자연을 관찰하고 환경에 대한 지식을 가지면서 자연스럽게 훌륭한 환경보호자가 됩니다.

❾ 실험, 관찰, 공작을 해보는 동안 저절로 훌륭한 솜씨와 아이디어를 가지게 되며, 안전사고와 위생 등에 대한 지식을 얻어 자신과 가족을 보호하도록 합니다.

이 책에 소개된 실험과 공작 내용을 별도 노트를 준비하거나, 컴퓨터 파일을 만들어 기록해 두는 습관을 가진다면, 그것은 진정한 과학자의 태도입니다. 그리고 이 책의 내용보다 더 좋은 방법으로 실험할 수 있는 방안을 고안해내는 것 또한 과학 정신입니다.

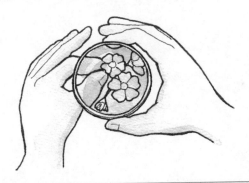

 부모님에게

이 책은 각 항목마다 과학지식과 원리를 지도하는 동시에 다른 많은 과학적 아이디어와 의문 사항을 제공합니다. 이것은 청소년들로 하여금 과학에 대한 흥미를 더욱 북돋우고, 동시에 장차 과학자가 될 꿈을 갖게 하는 것을 목적하고 있습니다.

부모님은 실험하고 관찰하는 자녀들의 안전을 지켜주는 동시에, 실험한 것을 기록하는 습관을 자녀들이 가지도록 장려하기 바랍니다. 왜냐하면 그것이 논리적으로 생각하고 정리하는 과학자의 기본 정신이기도 하려니와, 그렇게 하는 동안에 더 많은 과학적 의문과 아이디어를 이끌어낼 수 있기 때문입니다.

제 1장
자석 · 자력 · 나침반 실험

실험 1 종이클립으로 만든 나뭇잎 나침반

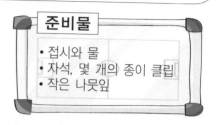

준비물
• 접시와 물
• 자석, 몇 개의 종이 클립
• 작은 나뭇잎

실험목적

종이클립을 사용한 나침반을 만들어보자.

실험방법

❶ 물이 담긴 접시를 탁자 위에 놓는다.

❷ 영구자석 끝에 종이클립의 끝을 3분 정도 붙여둔다.

❸ 접시 물 중앙에 작은 나뭇잎을 띄운다.

❹ 나뭇잎 위에 종이클립을 조용히 놓는다.

❺ 종이클립의 양쪽 끝이 가리키는 쪽 접시 가장자리에 사인펜으로 표를 한다.

❻ 종이 클립 대신 바늘로도 같은 실험을 해보자. 남북 방향이 일치 하는가? 실험2에서 행한 남북 방향과 일치하는가?

실험결과

나뭇잎 위에 놓인 종이클립도 남북을 가리키는 나침반 역할을 한다. 바늘 나침반이나 실험2에서 행한 나침반의 방향과도 일치한다.

연구

나뭇잎은 물위에 뜬다. 그 위에 바늘이나 종이클립을 놓으면, 종이클립이 남북을 향 할 때 잎도 함께 움직일 수 있다. 납작한 양면 면도날을 자화(磁化)시킨 후, 그 표 면에 왁스나 마가린을 약간 칠하여 수면에 놓아보자. 나침반 역할을 하는가? 〈매직 과학실험〉의 실험72는 바늘로 나침반 만드는 법을 소개한 것이다.

물

클립

바늘

나뭇잎

바늘

실험 ② 빈병 안에 바늘 나침반 만들기

준비물
- 바늘, 자석
- 바늘보다 짧은 사각형 종이 조각
- 실, 이쑤시개
- 투명 유리병 (잼을 담았던 유리병이 적당)

실험목적

실험1의 수면에 뜬 바늘 나침반은 바람이 불면 쉽게 흔들린다. 바람 영향을 받지 않는 공간에 바늘나침반을 만들어보자.

실험방법

1. 사각 종이를 절반 접어 V자 모양이 되게 한다.
2. 바늘을 자석에 문질러 자화시킨 상태로 그림처럼 종이에 가로로 찔러 꿴다.
3. 실로 종이를 걸어 반듯하게 매달 수 있도록 한다.
4. 실의 끝을 이쑤시개에 맨 상태로 유리병 안에 그림처럼 매단다.
5. 흔들리던 바늘이 정지하면 그 끝은 남북을 가리키는가?

실험결과

나뭇잎 위에 놓인 자화된 바늘처럼, 종이에 꿴 바늘도 남북을 향한 상태에서 멈춘다.

연구

실에 바늘만 매달면 나침반이 될 수 있다. 그러나 바늘을 실로 매달기 어려우므로 이런 방법으로 바늘 나침반을 만들었다. 바늘 나침반은 얼마나 오래도록 남북을 지향하는 나침반이 될 수 있는지 관찰해보자.

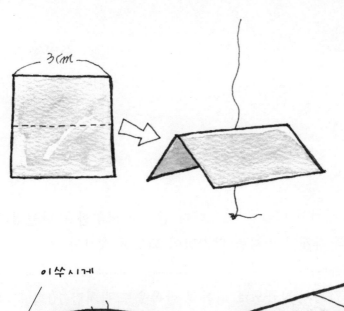

3cm

이쑤시게

자화시킨다

N

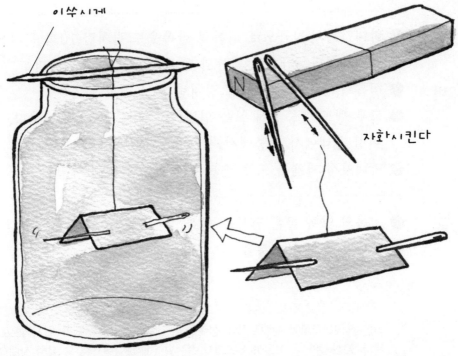

③ 쇠톱과 막대자석으로 나침반을 만들어보자

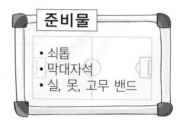

준비물
- 쇠톱
- 막대자석
- 실, 못, 고무 밴드

실험 목적
실험1과 2에서 바늘을 이용하여 간단히 나침반을 만들었다. 쇠톱이나 막대자석 자체가 커다란 나침반이 되도록 해보자.

실험 방법
❶ 막대자석의 N극으로 쇠톱의 한쪽을 그림처럼 10회 문지른다.
❷ 막대자석의 S극으로 쇠톱의 반대쪽을 10회 문지른다.
❸ 쇠톱의 중심부 좌우에 그림처럼 고무 밴드를 건다.
❹ 고무 밴드의 중앙에 실을 연결하고, 이를 공중에 매단다. 쇠톱은 어떤 상태에서 공중에서 정지하는가?
❺ 막대자석 자체를 고무 밴드에 걸어 쇠톱처럼 매달아보자.

실험 결과
❶ 쇠톱의 양쪽 끝은 남북을 향한 상태로 공중에서 정지한다.
❷ 막대자석 역시 남북을 향하여 정지한다.

연구
쇠톱을 막대자석에 문지르거나 접촉하고 있으면, 쇠톱 자체가 일시적으로 자석이 된다. 자화(磁化)된 쇠톱이나 막대자석을 공중에 매달면 남북을 향한 상태로 정지한다.

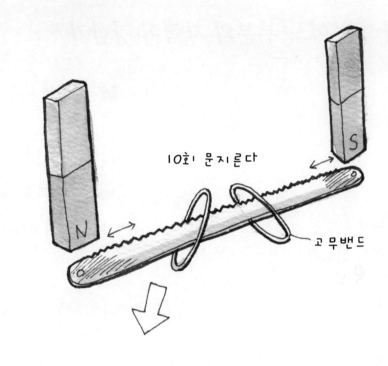

10회 문지른다

고무밴드

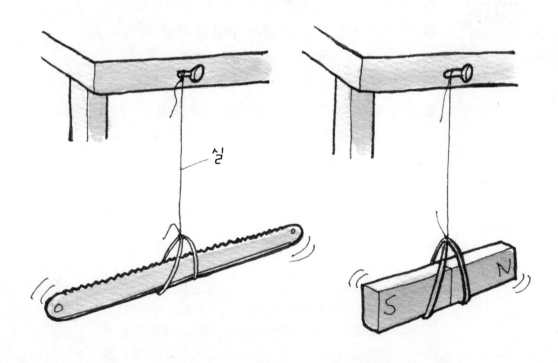

실

4 자석은 어느 부분의 자력이 강한가?

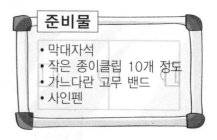

준비물

• 막대자석
• 작은 종이클립 10개 정도
• 가느다란 고무 밴드
• 사인펜

 실험목적

막대자석은 전체적으로 자력이 같은가? 아니면 자력이 제일 강한 부분이 있는가?

 실험방법

❶ 막대자석을 그림처럼 1,2,3,4,5 부분으로 나누어 각 부분에 사인펜으로 표를 한다.

❷ 막대자석을 실험3처럼 매단다.

❸ 1에서 5까지 각 부분에 종이클립을 연결해보자.

❹ 어느 부분에서 각 몇 개의 클립을 매달 수 있는가?

❺ 1과 5의 자력에는 차이가 있는가?

❻ 자석을 탁자 위에 놓는다.

❼ 고무 밴드에 종이 클립을 걸어, 각 부분에 클립을 가져갔을 때 어느 부분에서 고무 밴드가 얼마나 늘어나는가?

 실험결과

❶ 1과 5에 제일 많은 클립을 매달 수 있다. 자석의 중간인 3에는 자력이 미치지 않는다. 그리고 양쪽 자극의 자력에는 차이가 없다.

❷ 고무 밴드 역시 1과 5에서 가장 길게 늘어난다.

연구

자력은 자석의 양쪽 끝에 집중되어 가장 강하게 작용한다. 자석의 중간 부분은 두 극의 밀고 당기는 힘이 균형을 이루는 곳이므로 자력이 없다.

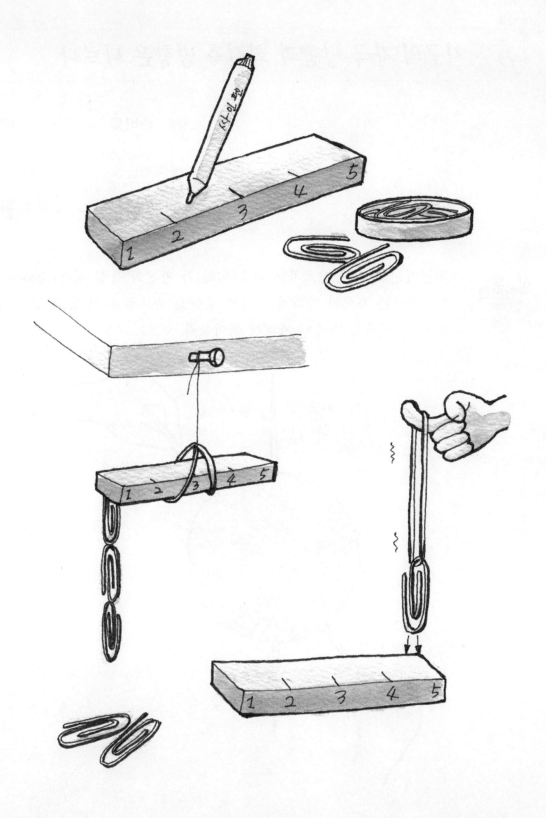

실험

5 지구의 자극 방향과 회전축 방향은 다르다

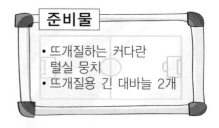

준비물

• 뜨개질하는 커다란 털실 뭉치
• 뜨개질용 긴 대바늘 2개

실험목적

지구에는 자석이 가르치는 자축(磁軸)과 자전의 축인 지축(地軸)이 있다. 지구는 자석이 가리키는 남북 방향을 축으로 하여 돌고 있는 것이 아니다. 자축과 지축의 관계를 알아보자.

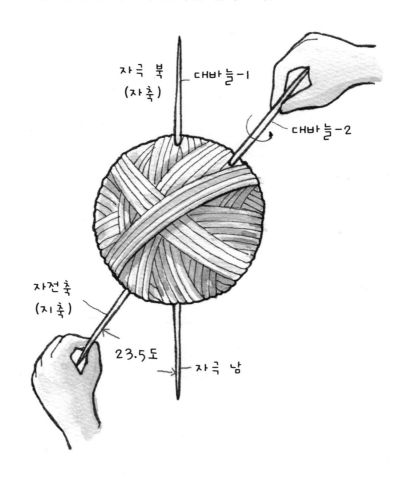

실험방법

❶ 털실 뭉치 중심을 가로지르도록 대바늘-1(자축)을 끼운다.

❷ 그림처럼 대바늘-1과 23.5도 각도가 되게 중심을 지나는 대바늘-2(지축)를 끼운다.

❸ 대바늘-1을 탁자 위에 수직으로 세운다. 그러면 대바늘-2는 약간 기운다.

❹ 대바늘-2의 끝이 탁자 바닥에 닿는 부분을 한 손의 엄지와 검지로 고정하고, 반대쪽 바늘 끝을 다른 손의 엄지와 검지로 돌려보자.

실험결과

지구는 이처럼 지축을 23.5도만큼 기운 상태로 자전하면서 태양 둘레를 공전한다.

지구의

연구

세계의 육지와 바다를 보여주도록 지구 모양을 본뜬 지구의(地球儀)는 이 털실 뭉치처럼 지축을 기울인 상태로 만든다. 지구는 지축이 기울어 있기 때문에 4계절이 바뀔 수 있다. (《혼자서 해보는 어린이 과학실험》 109 참조)

6 자석이 토막 나면 자력과 자극은 어떻게 되나?

실험목적

두 자석을 서로 연결하거나 붙이면 자력이 2배로 강해질까? 하나의 자석을 두 토막 내면 자력은 반으로 줄까? 자극은 어떻게 될까?

실험방법

(* 실험을 위해 자석을 토막내기는 어려우므로 다른 방법으로 확인해보자.)

❶ 막대자석 2개를 다른 극끼리 서로 연결해보자. 하나의 자석이 되었을까? 극성은 어떻게 되었을까?

❷ 막대자석 하나일 때, 막대자석 2개를 연결했을 때, 그리고 2개를 포개었을 때, 각각의 끝에 종이클립을 매달아 자력을 측정해보자. 자력이 2배로 강해졌을까?

❸ 막대자석에 종이클립을 잠시 동안 붙여두면, 종이클립은 모두 자석이 된다. 종이클립을 서로 붙여 4개를 하나로 연결해보자.

실험결과

❶ 2개의 막대자석을 서로 연결하면 하나의 긴 자석이 된다. NS-NS끼리 붙였다면 NS 자석이 된다. 만일 붙어 있는 자석을 떼면 각각 본래대로 NS, NS 자석이 된다.

❷ 막대자석을 서로 연결하거나, 2개를 포개면 자력이 약간 증가하지만 2배가 되지는 않는다.

❸ 종이클립 자석 4개를 NS-NS-NS-NS 연결하면 긴 NS 자석이 된다.

연구

자석의 자력이 미약하여 자력의 강도를 확인하기 어려울 때는 바늘 나침반을 가까이 가져가면 나침반의 자침이 민감하게 자력의 방향으로 향한다. 나침반을 사용하면 N인지 S인지 극성까지 알 수 있다.

준비물

- 작은 종이클립 20개
- 막대자석 2개

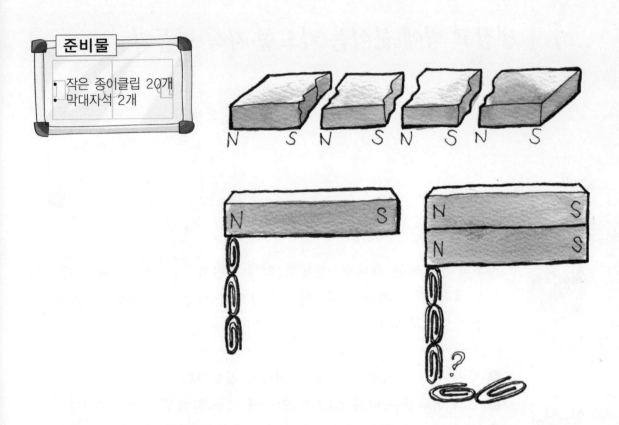

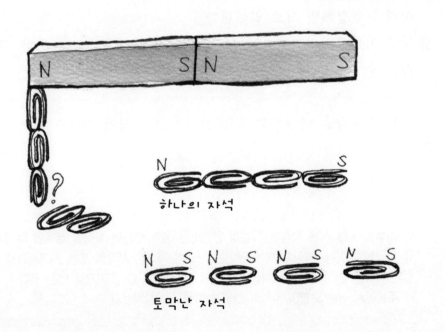

하나의 자석

토막난 자석

실험 7 냉장고 벽에 붙이는 카드형 자석 만들기

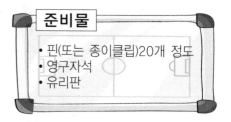

준비물

• 핀(또는 종이클립)20개 정도
• 영구자석
• 유리판

실험목적

자석의 종류에는 막대형, 말굽형 외에 원반형, 도넛형, 지프 모양, 카드형 등 여러 가지가 있다. 자석의 모양을 다양하게 만들 수 있는 이유를 실험으로 알아보자.

실험방법

❶ 탁자 위에 유리판을 깔고 그 위에서 실험한다.
❷ 핀의 머리를 자석의 N(또는 S)극에 모두 붙여두고 자화시킨다.
❸ 핀의 머리와 끝을 서로 연결시켜 삼각형을 만든다. (만일 머리와 머리를 연결하면 서로 밀어낸다.)
❹ 같은 방법으로 4각형, 5각형, 6각형, 사다리 모양, 별 모양, 지그재그 등 다양한 형상으로 만들어보자.

실험결과

핀의 머리와 끝을 연결하면 온갖 모양으로 납작한 카드형 지석을 만들 수 있다.

연구

이 실험을 통해 작은 자석을 적절히 연결하면 온갖 모양의 자석을 설계할 수 있음을 알았을 것이다. 냉장고 벽에 붙이는 카드형 자석은 사각형 또는 지그재그로 배열한 자석을 플라스틱 속에 파묻거나 쇳가루 자석(실험8 참고)으로 만든 것이다. 우리 주변에서 어떤 모양의 자석이 어떻게 이용되나 살펴보자.

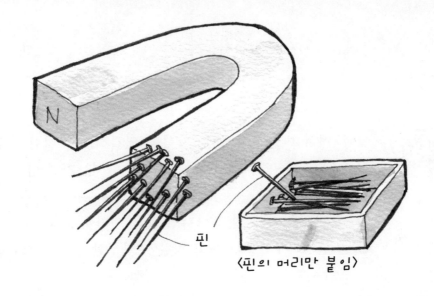

핀

〈핀의 머리만 붙임〉

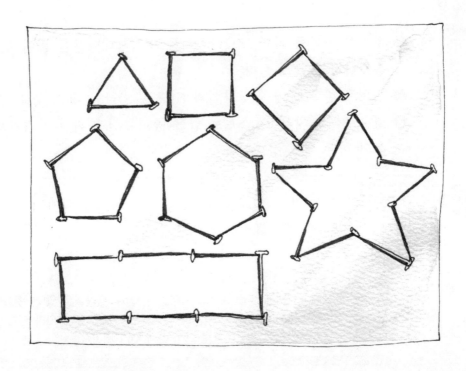

실험 8 쇳가루를 모아 자석을 만들어보자

실험목적

실험7에서 바늘처럼 작은 자석을 연결해보는 실험을 했다. 이번에는 가루처럼 작은 자석을 연결해도 자석이 되는지 확인해보자.

실험방법

❶ 자석을 흙 속에 밀고 다니면 많은 쇳가루가 붙는다.

❷ 굵은 쇳가루는 제거하고 작은 쇳가루만 접시에 소복하게 담아 모은다.

❸ 스트로 한쪽 끝을 접착테이프로 막고, 스트로 내부에 쇳가루를 밀어 넣는다.

❹ 쇳가루가 가득 차면, 스트로 위쪽도 접착테이프를 붙여 쇳가루가 흘러나오지 않게 한다.

❺ 스트로 한쪽 끝에 영구자석의 N(또는 S)극을 대고 몇 분 간 둔다.

❻ 영구자석을 치우고, 스트로 끝을 종이클립 가까이 가져가보자. 자석의 힘은 어느 정도인가?

실험결과

스트로 속의 쇳가루 입자들이 모두 자석화(자화)되어 하나의 자석이 된다. 이 자석은 종이클립을 끌어당긴다

> **연구**
>
> 이 실험을 통해 쇳가루를 이용해서도 자석을 만들 수 있음을 알았다. 쇳가루 자석의 힘은 쇳가루의 양이나 자화에 사용한 영구자석의 세기 등에 따라 달라진다. 스트로 속의 쇳가루를 마구 흔들면 자력은 어떻게 되나 실험해보자.

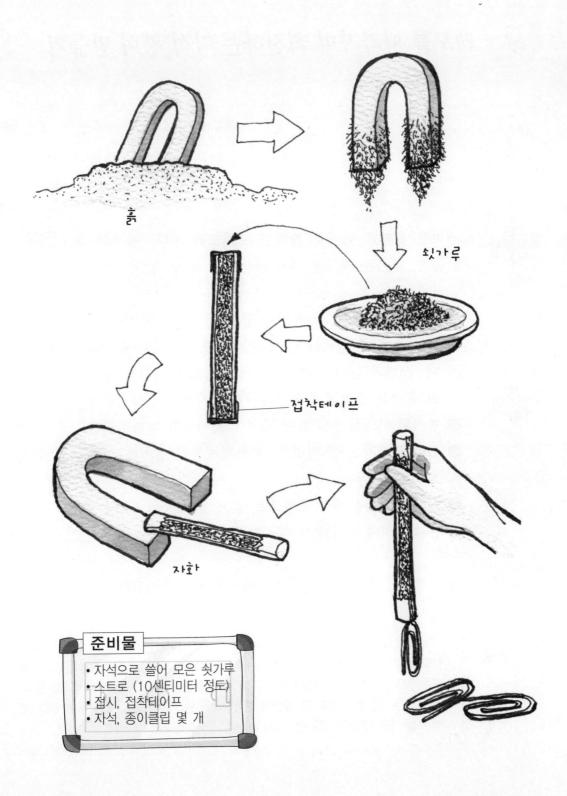

흙

쇳가루

접착테이프

자화

준비물
• 자석으로 쓸어 모은 쇳가루
• 스트로 (10센티미터 정도)
• 접시, 접착테이프
• 자석, 종이클립 몇 개

실험 9 궤도를 따라가며 회전하는 자석 팽이 만들기

준비물

- 철사 (50센티미터 정도), 유리판
- 못 (길이 5센티미터 정도)
- 종이와 접착테이프, 가위, 영구자석

실험목적

팽이를 유리판 위에서 돌리면 오래도록 돈다. 팽이의 축을 자석으로 만들면, 팽이는 궤도를 따라 이동하며 돌 수 있다.

실험방법

❶ 백지를 그림처럼 길게 잘라 종이 테이프를 준비한다.

❷ 못 중간 부분 둘레에 이 종이 테이프를 단단하게 뱅뱅 돌리며 감아, 그림과 같이 직경 5센티미터 정도의 팽이를 만든다. 종이테이프 끝에는 접착제나 접착테이프를 사용하여 고정한다.

❸ 팽이의 머리를 3분 동안 자석에 붙여두고 자화시킨다.

❹ 엄지와 검지로 못 머리를 쥐고 빙– 돌려 팽이를 오래 돌릴 수 있도록 연습한다.

❺ 반듯한 철사를 S자 모양으로 휘어 유리판 위에 놓는다.

❻ 유리판 위에 팽이를 돌려두고, 철사를 팽이의 회전축에 접근시킨다.

실험결과

자석 팽이는 유리판 위에서 철사를 따라가며 회전한다.

연구

팽이의 회전축은 자석이기 때문에 철사를 당긴다. 그 결과 팽이는 철사를 따라가며 도는 팽이가 된다. 자기부상열차는 자력에 의해 공중에 뜬 상태로 자력 궤도를 따라 달리는 교통수단이다. 이 실험에 성공하려면 종이 팽이를 잘 만들어야 한다. 자석 축을 가진 팽이를 다른 방법으로도 만들어 실험해보자.

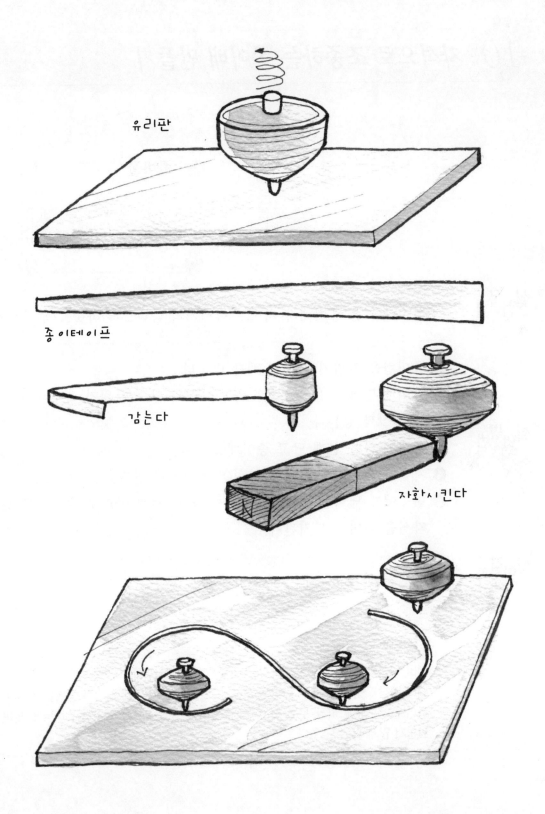

유리판

종이테이프

감는다

자화시킨다

실험 10 자석으로 조종하는 종이배 만들기

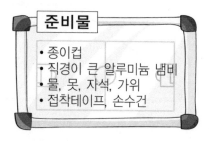

준비물
- 종이컵
- 직경이 큰 알루미늄 냄비
- 물, 못, 자석, 가위
- 접착테이프, 손수건

실험목적

냄비 속에 띄운 종이배가 저절로 이리저리 다니도록 마술을 부려보자.

실험방법

❶ 종이컵을 그림처럼 잘라 배를 만든다.
❷ 종이배 안에 못을 놓는다. 못이 보이지 않도록 튀긴 옥수수나 쌀로 살짝 덮는다.
❸ 냄비에 물을 얕게 담고 종이배를 띄운다.
❹ 자석을 손수건으로 싸서 자석인줄 모르게 한다.
❺ 친구에게 냄비를 두 손으로 들게 하고, 냄비 아래로 손수건에 싼 자석을 슬며시 가져간다.

실험결과

종이배는 냄비 바닥의 자석이 이동하는 방향을 따라 항해를 한다.

연구

냄비 바닥의 자석은 천천히 움직이도록 한다. 가장자리를 따라 움직이면 종이배도 냄비 가장자리를 따라 돌 것이며, 지그재그로 움직이면 그대로 따라 항해할 것이다. 종이배의 구조에 따라 못을 좌우 2개를 놓아도 된다. 못을 종이컵 밑바닥에 붙여 보이지 않게 할 수도 있다.

쌀튀김

바닥에 붙임

접착테이프

실험 11 자력은 얼마나 멀리 작용하나?

실험 목적

쇠는 자력을 끌어들이는 성질이 있다. 이것을 자력의 유도(誘導)라고 말한다. 철사 속으로 유도된 자력의 힘이 얼마나 멀리 미치는지 확인해보자.

실험 방법

❶ 연필 두 자루를 나란히 놓고 그 위에 길이 10센티미터 철사를 걸친다.

❷ 철사 끝에 바늘을 붙여보자. (이때는 붙지 않아야 한다.)

❸ 철사 한쪽 끝에 자석의 N이나 S극을 붙여두고, 반대쪽 철사 끝에 바늘을 가져가보자.

❹ 철사의 길이가 2배, 4배인 철사를 연필 위에 걸쳐놓고 같은 실험을 해보자. 철사가 길면 자력이 더 강해지는가, 약해지는가?

실험 결과

철사에 자력이 유도되지 않은 상태에서는 바늘이 철사 끝에 붙지 않는다. 그러나 한쪽에 자석을 붙이면 철사에 자력이 유도되어 바늘을 끌어당길 수 있게 된다. 자력은 자석이 될 수 있는 쇠 같은 금속에만 유도된다. 철사가 길면 유도되는 정도가 약해진다.

> **연구**
>
> 이 실험에서는 자력이 철사 속으로 유도되는 것을 확인했다. 만일 유도된 자력이 약하여 바늘 끝을 공중에 들어올릴 수 없다면, 바늘을 탁자 바닥에서 끌어보자. 이때 바닥이 매끄러운 유리이면 더 쉽게 끌린다.

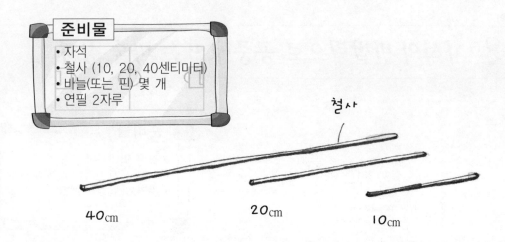

준비물

- 자석
- 철사 (10, 20, 40센티미터)
- 바늘(또는 핀) 몇 개
- 연필 2자루

철사

40cm   20cm   10cm

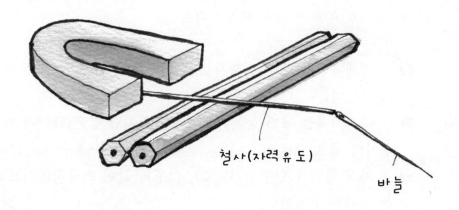

철사(자력유도)

바늘

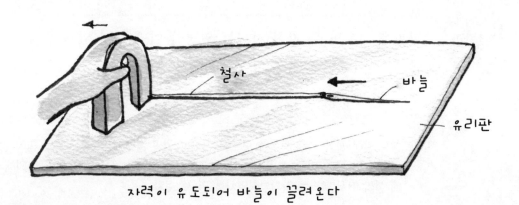

철사   바늘

유리판

자력이 유도되어 바늘이 끌려온다

제1장 자석·자력·나침반 실험

실험 12 자석의 반발력으로 공중에 뜨는 마술 상자

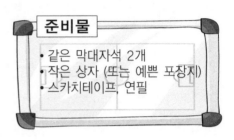

준비물

- 같은 막대자석 2개
- 작은 상자 (또는 예쁜 포장지)
- 스카치테이프, 연필

실험목적

상하로 포개 놓은 두 개의 작은 상자 하나가 자꾸만 공중으로 떠오른다. 손으로 누르면 즉시 떠오른다.

실험방법

❶ 두 막대자석을 예쁜 포장지로 과자처럼 싼다 (또는 작은 종이상자에 넣는다).

❷ 두 막대자석을 포개 놓는다. 이때 그림처럼 같은 극끼리 나란히 놓아야 서로 반발한다.

❸ 두 자석 사이에 연필을 끼우고, 그림과 같이 스카치테이프로 좌우를 강제로 고정한다.

❹ 연필을 빼내보자.

실험결과

연필을 치우면 두 자석 사이는 연필 높이만큼 떠 있게 된다. 손가락으로 위 자석을 누르면 즉시 반발하여 떠오른다.

연구

상자 안에 자석이 든 사실을 모르는 친구는 깜짝 놀랄 것이다. 자석의 힘이 강하면 연필 높이 보다 더 높게 뜨게 만들 수도 있을 것이다. 자석의 반발력에 의해 공중에 살짝 떠서 달리는 자기부상열차를 연상해보자.

36 탐구왕의 과학실험

상자에 넣거나
종이로 포장한다

누르면 떠오른다

실험

13 춤추는 강강술래 민속춤 무용단 만들기

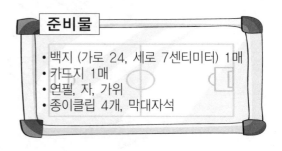

준비물

- 백지 (가로 24, 세로 7센티미터) 1매
- 카드지 1매
- 연필, 자, 가위
- 종이클립 4개, 막대자석

실험 목적

4명의 소녀가 손잡고 둘러서서 저절로 강강술래 춤을 추는 트릭을 친구들에게 보여 보자

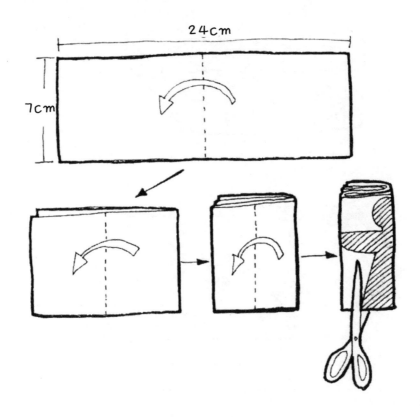

① 백지를 그림과 같이 3차례 포개어 접는다.

② 그림처럼 (또는 자기 생각대로) 연필로 윤곽을 그린다.

③ 윤곽을 따라 가위로 잘라내면 4사람의 소녀가 한번에 만들어진다.

④ 양쪽 끝의 소녀 손을 접착테이프로 붙이면 4사람이 둘러선 모습이 된다.

⑤ 발바닥 치맛자락에 각각 종이클립을 끼운다.

⑥ 이것을 판판한 카드지 위에 놓고, 아래쪽에 자석을 대고 움직여보자.

 무용단의 발바닥에 붙여둔 종이클립이 자석의 힘에 끌리게 되므로 무용단은 저절로 돌며 춤추는 것처럼 보인다.

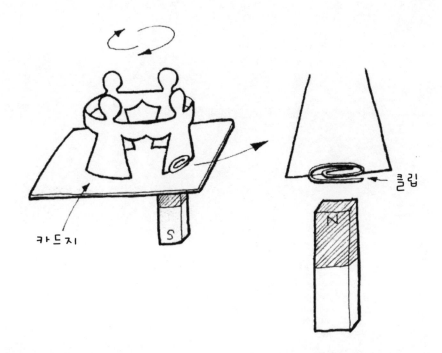

카드지

클립

연구

무용단의 옷에 색칠을 할 수도 있고, 디자인을 다양하게 할 수 있다. 예쁜 무용단을 만들어 실연해보자.

제2장
소리와 악기, 빛과 망원경

14 유리병에서 나오는 공명 소리를 들어보자

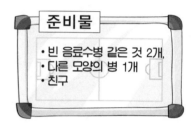

 실험 목적

하나의 물체에서 발생한 음파가 옆에 있는 다른 물체에 전달되어 동시에 진동하거나 더 큰 소리가 되거나 할 때, 소리가 공명했다고 말한다. 유리병에서 생겨난 소리를 이용하여 공명 현상을 확인해보자.

실험방법

❶ 친구에게 같은 모양의 빈 유리병을 귀에 대고 가만히 있도록 한다. 이때 유리병 입구가 막히지 않도록 한다.

❷ 친구와 1미터 정도 거리에서 같은 모양의 빈 유리병의 입구에 입바람을 불어 붕- 소리가 나도록 한다.

❸ 붕- 소리를 낼 때마다 친구가 들고 있는 빈병도 붕- 소리가 나는지, 소리가 얼마나 큰지 확인해보자. 이 실험을 서로 바꾸어 해보자.

❹ 친구에게 다른 모양의 병을 들게 하고, 같은 실험을 해보아도 공명이 일어나는가?

실험결과

모양이 같은 병이라면, 입으로 불어 생긴 소리(음파)는 친구가 귓가에 대고 있는 병을 진동시켜(공명, 공진) 소리가 나게 한다. 그러나 유리병의 형태나 크기가 다르면 공명이 잘 일어나지 않는다.

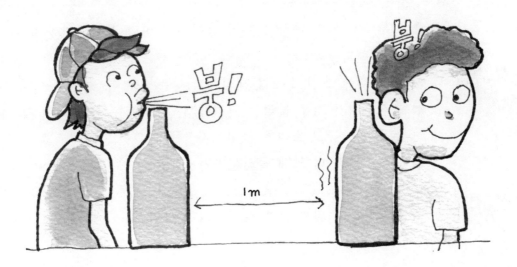

연구

친구가 들을 수 있는 유리병의 공명음은 훨씬 작게 들리지만, 두 병은 같이 진동했기 때문에 소리가 생겨나는 것이다. 공명이라는 용어는 소리 외에 물리학과 화학의 다른 연구에서도 쓰인다. 일반사회에서는 서로의 생각이 일치하는 친구나 사람들 사이에 '공명' 한다는 과학용어를 쓰기도 한다.

15 고무풍선은 소리를 모으는 '소리 렌즈'가 된다

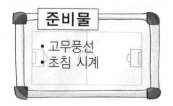

준비물
- 고무풍선
- 초침 시계

실험목적

바람을 집어넣은 고무풍선의 얇은 막은 귀의 고막처럼 음파에 잘 진동한다(〈매직 과학실험〉 27번 참고). 부풀린 고무풍선이 소리를 크게 들리게 하는 것을 확인해보자.

실험방법

❶ 고무풍선에 입 바람을 가득 불어넣고 바람이 빠지지 않도록 주둥이를 맨다.
❷ 탁자 위에 초침 소리가 재깍재깍 나는 시계를 놓는다.
❸ 초침소리가 겨우 들리는 거리에서, 이번에는 시계와 귀 사이에 고무풍선을 놓고 소리를 들어보자.
❹ 시계소리가 더 크게 들리는가?

실험결과

풍선을 놓으면 훨씬 크게 초침소리가 들린다.

연구

유리렌즈는 빛을 모아 한곳에 모이도록 해준다. 토끼의 커다란 귀는 작은 소리를 모아 크게 듣게 해준다. 이와 마찬가지로 이 실험에서 고무풍선은 사방으로 흩어져 나가는 음파를 모아 귀로 보내준 것이다. 그러므로 이 경우 고무풍선은 소리의 렌즈가 된 것이다.

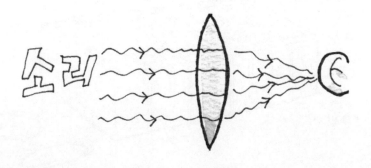

실험 16 선물상자를 이용한 연주용 사운드박스 만들기

준비물
- 고급과자나 선물을 담은 신발 상자 크기의 나무 상자
- 여러 가지 굵기와 길이의 고무 밴드

실험 목적

기타나 바이올린은 현(소리 줄)과 울림상자로 이루어져 있다. 울림상자는 공명에 의해 작은 소리를 크게 만들어주는 역할을 한다. 실험으로 사실을 확인해보자.

실험 방법

❶ 나무상자에 세로로 고무 밴드를 걸친다. 이때 굵은 밴드는 왼쪽, 가는 밴드는 오른쪽에 걸도록 한다.

❷ 고무 밴드는 8개 걸치는데, 각 밴드에서 도, 레, 미...도 8개의 음계 음이 나오도록, 고무 밴드를 갈아 끼우거나 길이를 조정하여 노력한다.

❸ 각 밴드의 소리가 잘 조율(음 높이가 맞도록 조정함)되면, 고무 밴드 현을 손가락으로 튕겨 동요를 연주해보자.

❹ 밴드의 굵기와 팽팽하기에 따라 소리의 높이는 어떻게 다른가?

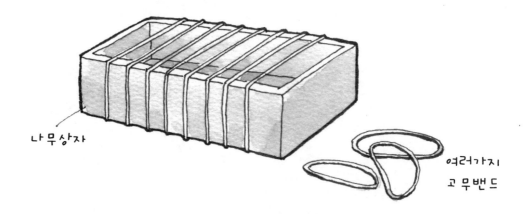

나무상자

여러가지 고무밴드

실험결과 적당한 고무 밴드를 선택하여 잘 조율하면 자기가 만든 독특한 현악기가 된다. 고무 밴드가 굵을수록 낮은 소리가 나고, 줄이 가늘고 팽팽할수록 높은 소리가 난다.

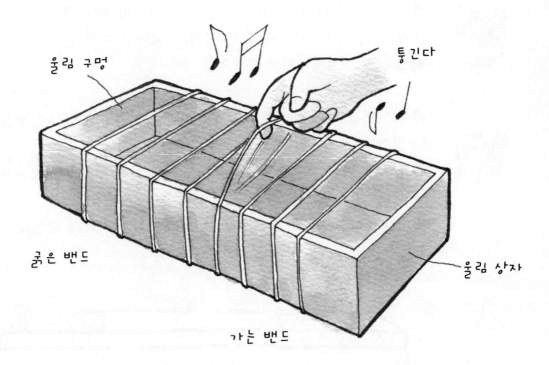

울림 구멍

퉁긴다

굵은 밴드

울림 상자

가는 밴드

연구 기타나 바이올린의 현을 퉁기거나 활로 문지르면, 그 현이 진동하여 나무로 만든 울림상자를 진동(공명)시킨다. 울림상자 속의 소리는 확대되어 울림구멍을 통해 나온다. 각종 고무 밴드를 현으로 사용한 이 실험의 현악기 역시 고무 밴드의 진동이 상자를 공진시키고, 그 음이 상자(사운드박스) 안에서 공명하여 큰 소리가 되어 나오는 것이다.

실험 17 외줄로 연주하는 베니어판 기타를 만들어보자

실험목적

바이올린이나 기타, 가야금 등은 현의 길이에 따라 음의 높이가 달라지게 만든 악기이다. 한 줄의 현에서 얼마나 다른 높이의 음이 나올수 있는지 실험해보자.

실험방법

❶ 베니어판의 한쪽 끝에 못을 단단히 박고, 거기에 철사의 끝을 고정한다.

❷ 철사의 다른 끝에는 무거운 추(돌)를 메달아 철사가 팽팽해지도록한다.

❸ 2개의 나무토막을 베니어판 양쪽 끝의 철사 아래에 받친다.

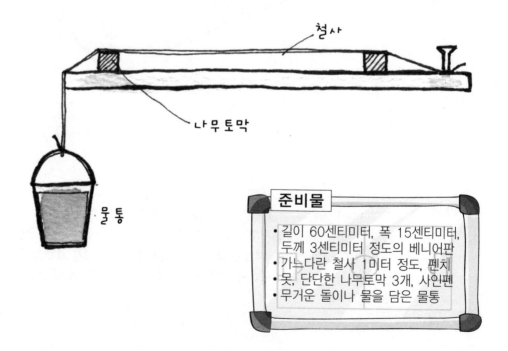
철사
나무토막
물통

준비물

• 길이 60센티미터, 폭 15센티미터, 두께 3센티미터 정도의 베니어판
• 가느다란 철사 1미터 정도, 펜치
• 못, 단단한 나무토막 3개, 사인펜
• 무거운 돌이나 물을 담은 물통

❹ 나머지 1개의 나무토막으로 철사를 여기저기 누르면서 줄을 튕겨
  소리를 내보자. 각 음이 나오는 부분에 사인펜으로 표시를 하자.

❺ 각 음계 위치를 누르며 동요를 연주해보자.

❻ 고음과 저음은 어느 위치에서 나는가?

철사가 내는 소리의 높이는 현(철사)의 길이에 따라 달라진다. 진동하
는 부분의 현이 짧을수록 고음이 나고, 길면 저음이 된다.

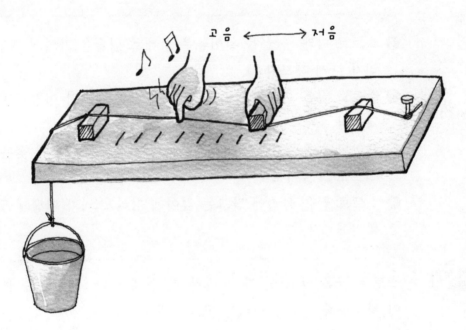

연구

한 개의 선상에서 얼마나 여러 음계를 낼 수 있는지는 철사의 종류나 굵기에 따라
달라질 것이다. 가느다란 철사는 고음이 나오고, 굵은 철사는 저음을 낸다. 한 선에
서 여러 음계가 다 나온다면, 전곡을 연주할 수 있는 외줄 기타가 될 것이다.

실험 18 유리병과 스트로로 만든 관악기

실험목적

트롬본은 소리가 진동하는 파이프의 길이를 한 팔로 늘이고 줄이며 연주하는 관악기이다. 스트로 끝을 입으로 적절히 불면 피리소리가 난다. 스트로를 이용한 관악기를 연주해보자.

실험방법

❶ 스트로 아래 쪽 끝을 열어놓은 상태로 입술을 가볍게 대고 불어 소리가 나게 해보자

❷ 스트로 끝을 손가락으로 막고 불어 소리 내기가 어떻게 다른지 비교한다.

❸ 유리병에 물을 3분의 2 정도 담고, 스트로를 물속에 꽂은 상태로 스트로를 불어보자.

❹ 스트로 끝을 물속에 잠그는 깊이에 따라 소리가 어떻게 달라지나 확인해보자.

실험결과

스트로 끝을 막고 불 때 소리가 더 쉽게 난다. 스트로를 물속으로 깊이 넣을수록 나오는 소리는 고음이 된다.

연구

관 안의 공기를 진동시켜 소리가 나도록 만든 악기를 관악기라 한다. 관악기에는 나무로 된 관으로 만든 목관악기와 금속으로 만든 금관악기로 크게 나누고 있다. 관악기의 음은 관의 길이가 짧을수록 고음이 나고 길어지면 저음이 난다. 시험관처럼 끝이 막힌 관을 이용하여 물속에 잠그는 깊이를 달리하여 연주해보자.

막는다

스트로를 올리고
내리며 분다

부!
뿌!

준비물
• 음료수 병
• 굵은 스트로
• 입술

19 쇠파이프로 식사시간을 알리는 차임벨 만들기

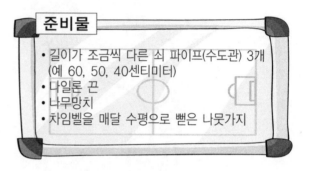

준비물

- 길이가 조금씩 다른 쇠 파이프(수도관) 3개 (예 60, 50, 40센티미터)
- 나일론 끈
- 나무망치
- 차임벨을 매달 수평으로 뻗은 나뭇가지

실험목적

단체로 야영을 가거나 했을 때, 전 대원에게 식사시간이나 행사 시작과 마침 시간 등을 알리는 딩동댕 차임벨을 만들어보자.

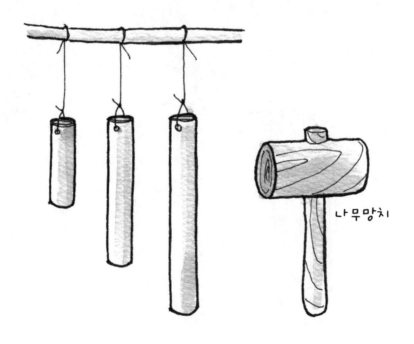

나무망치

실험방법

❶ 3개의 쇠파이프 끝에 나일론 끈을 단단히 맨다. 만일 쇠 파이프 끝에 구멍을 뚫을 수 있다면 그 구멍에 나일론 끈을 꿰면 더욱 편리하다.

❷ 3개의 쇠파이프를 나뭇가지에 나란히 매단다.

❸ 나무망치로 3파이프를 긴 것부터 차례로 때리면 딩! 동! 댕! 울리는 차임벨이 된다.

❹ 긴 파이프와 짧은 파이프는 어느 쪽이 고음을 내는가?

실험결과

잘 만들면 훌륭한 차임벨이 된다.

연구

쇠파이프가 길면 낮은 소리가 나고 짧으면 고음을 낸다. 쇠파이프의 길이를 잘 조정하여 각 음계의 소리를 내는 차임벨을 만든다면, 실로폰처럼 두들기는 타악기의 하나가 된다.

20 레코드판의 음악을 바느질 바늘로 재생해보자

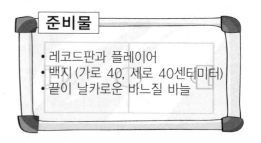

준비물

• 레코드판과 플레이어
• 백지 (가로 40, 세로 40센티미터)
• 끝이 날카로운 바느질 바늘

실험목적

레코드판 위에 동심원으로 그려진 가느다란 선의 홈에는 소리가 기록되어 있다. 이 소리는 바늘 끝에서 재생된다. 레코드판에 녹음된 소리를 바느질 바늘로 직접 재생해보자.

실험방법

❶ 사각형 종이를 그림처럼 접어 원뿔 나팔 모양이 되게 한다.
❷ 꼭지 부분을 그림처럼 옆으로 접고, 나팔과 접은 부분이 함께 물리도록 바늘을 꿴다. (* 이 작업은 손가락을 다칠 염려가 있으므로 반드시 부모님에게 부탁한다.)

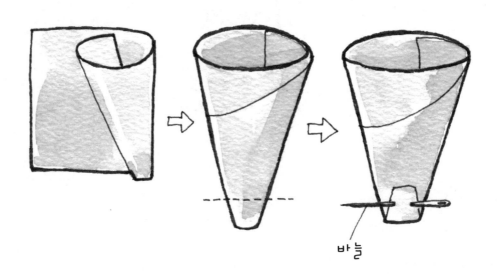

바늘

❸ 레코드플레이어 위에 판을 얹고 돌리기 시작한다.

❹ 그림과 같이 바늘 끝을 레코드판의 홈에 살며시 가져가보자. 녹음된 소리가 종이 나팔을 통해 울려나오는가?

실험결과

레코드판에 녹음된 음악이 종이 나팔(메가폰)을 통해 큰 소리로 재현되어 나온다.

턴테이블

연구

이 실험은 축음기에서 소리가 재생되는 원리를 보여주는 것이다. 에디슨이 발명한 최초의 레코드는 축음기라 불렀다. 축음기는 레코드판의 소리가 바늘 위에 만든 나팔(메가폰)을 통해 나왔다. 그러나 메가폰이 낼 수 있는 소리는 그리 크지 못하다. 그 후 소리를 확대하여 스피커로 내보내는 전기기술이 발달하면서 축음기는 레코드 플레이어(전축)로 발전했다. 오늘날엔 디지털 방식으로 음악을 녹음 재생하고 있다.

실험

21 내 목소리의 음파가 진동하는 것을 확인해보자

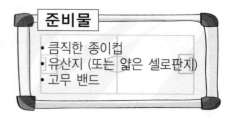

준비물

• 큼직한 종이컵
• 유산지 (또는 얇은 셀로판지)
• 고무 밴드

실험목적

자기의 목소리는 어떻게 진동하고 있을까? 그 진동을 레코드판에 녹음하려면 어떻게 하나?

실험방법

❶ 종이컵의 밑바닥을 칼로 오려낸다.
❷ 밑바닥에 얇은 유산지를 대고, 고무 밴드를 둘러 팽팽하게 한다.
❸ 유산지에 손가락 끝을 가볍게 대고, 종이컵에 말을 해보자.
❹ 손가락 끝에 자기 음성의 진동이 느껴지는가?

실험결과

목소리의 음파는 얇은 유산지를 진동시켜 손가락 끝에 그 진동이 느껴진다.

연구

이 실험은 실험20과 반대 현상을 관찰하는 것이다. 이 실험의 종이컵은 구식 전화기의 송화기 구조이기도 하다. 종이컵 막에 바늘을 고정하면, 막의 진동은 바늘 끝에 전해져 레코드판에 소리를 기록할 수 있다.

유산지

손에 진동을
느낀다

실험
22 새의 깃털 틈새로 보는 빛의 환상

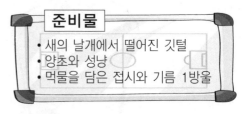

실험목적

새의 깃털은 아주 가느다란 빗살이 촘촘히 붙어 있는 형태를 하고 있다. 빛은 직진하지만, 특별한 경우 약간 휘어서 가기도 한다. 아주 작은 구멍이나 빗살을 통과한 빛은 휘어가는 회절현상을 일으킨다.

실험방법

❶ 어두운 방에 촛불을 켠다.

❷ 비둘기 등 새의 깃털을 집어 들고 깃털 사이로 촛불을 보자. 깃털 틈새로 어떤 빛을 볼 수 있는가?

❸ 접시에 담긴 먹물(검은색 물) 위에 석유나 식용유 1방울을 떨어뜨린 다음, 먹물 위에 퍼진 기름띠를 보면 어떤 색으로 보이나?

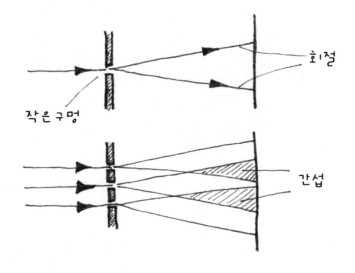

작은무지개

실험결과

깃털 사이로 촛불을 보면, 마치 보석에서 반사된 빛처럼 X자 모양으로 퍼져 나오는 빛을 볼 수 있다. 또한 깃털 틈새로 무지개 빛도 보인다. 먹물 위의 기름띠에서도 무지개 빛이 아롱거리는 것을 관찰할 수 있다.

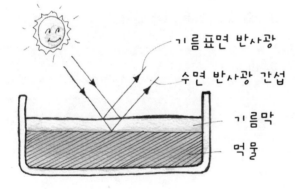

기름표면 반사광

수면 반사광 간섭

기름막

먹물

연구

아주 작은 구멍이나 머리카락처럼 가느다란 빗살 사이, 또는 물체의 가장자리를 지나는 빛은 그 경계에서 약간 휘어진다. 이것을 빛의 회절이라 한다.
새의 깃털은 머리카락보다 훨씬 가느다란 빗살로 이루어져 있어, 그 사이를 지나는 빛은 서로 간섭현상을 일으킨다. 그 결과 무지개도 보이고, 십자선 같은 불빛도 나타나게 된다. 먹물 위에 뜬 기름 막은 아주 얇다. 아래 그림처럼 기름 표면에서 반사된 빛과 기름띠 아래의 수면에서 반사된 빛이 서로 만나 간섭현상을 일으키면 아롱거리는 무지개 빛을 나타내게 된다.

실험 23 컴팩트디스크에서는 왜 무지개 빛이 나는가?

준비물
- 접시와 물
- 매니큐어, 석유

실험 목적
무지개 빛은 나비나 풍뎅이의 날개에서도 보이고, 비누방울에서도 잘 볼 수 있다.

실험 방법
❶ 접시에 물을 담는다.
❷ 그 위에 매니큐어 1방울을 떨어뜨린다.
❸ 햇볕 아래에서 접시 표면을 살펴보자
❹ 접시에 새 물을 담아, 석유를 1방울 떨어뜨린다.
❺ 같은 방법으로 관찰해보자.
(* 실험 후에는 즉시 접시를 비누로 씻는다.)

실험 결과
접시 물에 매니큐어나 석유를 떨어뜨리면 표면에 무지개 빛이 아롱거린다.

연구
매니큐어나 석유는 물의 표면에 아주 얇은 막이 되어 퍼진다. 햇빛은 그림과 같이 일부는 매니큐어 표면에서도 반사되고, 일부는 물의 표면에서 반사된다. 두 빛은 서로 간섭현상을 일으킨다.
또한 매니큐어나 석유의 막, 또는 비누방울의 거품 두께는 전체가 고르지 않고 차이가 난다. 이런 두께의 차이는 빛의 굴절 각도에 변화를 주어 무지개 빛이 나게 한다.
컴팩트디스크(CD)의 표면에 바른 표면 보호막 역시 아주 얇은 막이다. 나비나 곤충의 날개도 비에 젖지 않는 얇은 보호막이 덮고 있다.

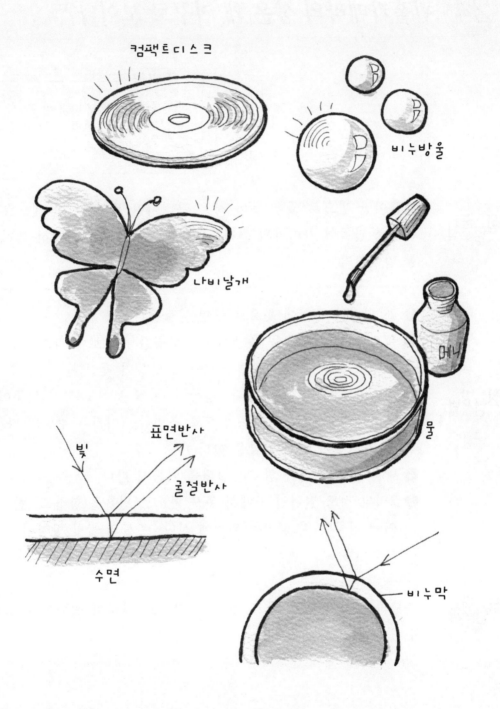

컴팩트디스크

비누방울

나비날개

빛

표면반사

굴절반사

수면

물

비누막

24 핀홀카메라의 상은 왜 거꾸로 보이나?

```
┌──── 준비물 ────
• 한쪽 뚜껑을 완전히 따낸 빈 캔, 못, 망치
• 유산지 (또는 반투명 비닐), 고무 밴드
• 검은 종이, 촛불
```

실험목적
핀홀이란 핀으로 뚫은 듯이 작은 구멍이란 뜻이다. 빈 캔으로 핀홀카메라를 만들어 카메라의 원리를 이해하면서, 상이 뒤집혀 생기는 이유를 알아보자.

실험방법

❶ 캔 밑바닥 중앙에 못으로 구멍을 뚫는다.

❷ 뚜껑을 제거한 쪽을 유산지나 반투명한 비닐로 가리고, 캔 둘레에 고무 밴드를 건다. (반투명 종이에 영상이 맺힌다.)

❸ 핀홀카메라가 완성되었다. 영상이 더 잘 보이도록 검은 종이로 핀홀카메라를 감싸고 고무 밴드로 조인다. (이것은 주변의 다른 빛을 가려주는 덮개 역할을 한다.)

❹ 탁자 위에 촛불을 켠 후, 실내를 어둡게 한다.

❺ 2미터 정도 떨어진 곳에서 촛불 쪽으로 핀홀을 향하고, 반투명 종이에 영상이 잘 맺히는 위치에 선다. 촛불의 불꽃 방향이 어떻게 보이나?

실험결과
촛불의 심지가 위로 가고, 불꽃은 아래로 향하여 펄럭이는 영상을 볼 수 있다.

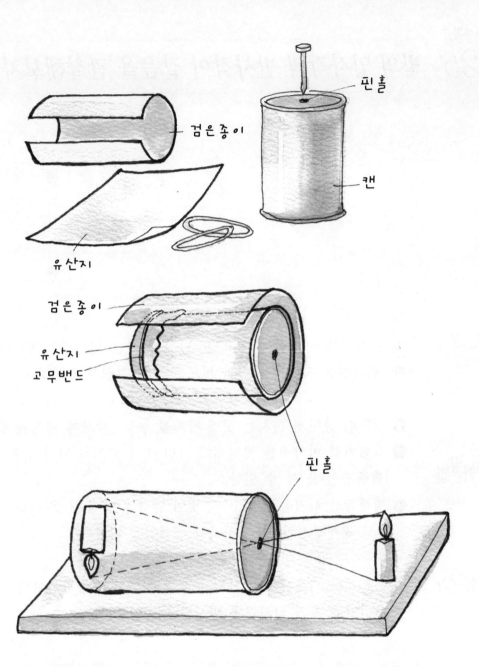

검은종이

핀홀

캔

유산지

검은종이

유산지
고무밴드

핀홀

연구

이것은 캔을 이용하여 만든 간단한 핀홀 카메라이다. 상이 잘 보이지 않으면 굵은 못으로 구멍을 좀더 키워보자. 촛불이 뒤집혀 보이는 것은 맨 아래 그림과 같이 핀홀을 통해 빛이 직진하여 상을 만들기 때문이다.

실험
25 빛의 입사각과 반사각이 같음을 관찰해보자

준비물
- 머리빗
- 작은 거울
- 햇빛
- 백지

실험목적

빛은 직진하는 성질이 있으며, 반사될 때는 입사각과 반사각이 똑같다. 머리빗을 지나는 나란한 빛으로 빛의 성질을 알아보자.

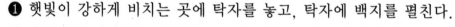

실험방법

❶ 햇빛이 강하게 비치는 곳에 탁자를 놓고, 탁자에 백지를 펼친다.
❷ 그림처럼 머리빗을 햇볕에 쪼이면 빗살 사이로 나란히 지나는 광선(평행광선)을 볼 수 있다.
❸ 평행광선에 거울을 대고 그 빛이 반사된 광선을 살펴보자. 반사된 빛도 평행광선인가? 입사각과 반사각은 같은가?

실험결과

빗살을 지나 거울에서 반사된 평행광선 역시 평행광선이다. 거울 표면에서 반사된 빛의 입사각과 반사각은 동일하다.

연구

빛의 성질을 실험할 때 빗살을 이용하면 편리하다. 빗살을 지나온 그림자는 빛의 직진 성질을 관찰하기 좋다. 머리빗과 백지 사이의 거리가 가까우면 나란한 그림자가 아주 선명하다. 그러나 빗과 백지 사이가 멀면 그림자는 점점 희미해진다. 이것은 빗살을 지나는 빛이 모서리에서 약간 휘기(회절이라 함) 때문이다.

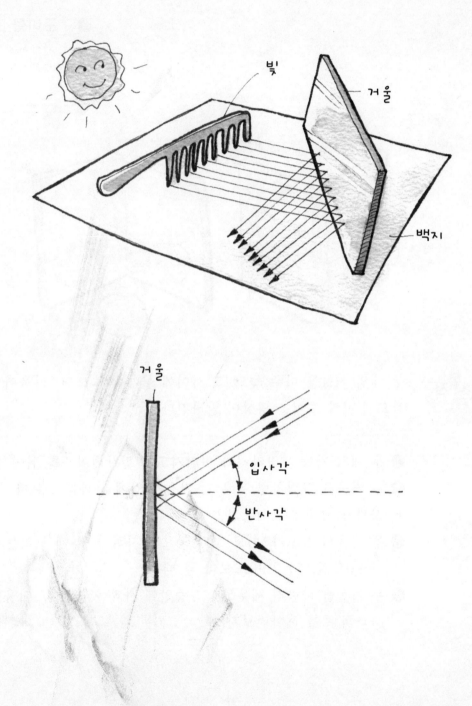

빛

거울

백지

거울

입사각

반사각

실험

26 사과 한 개가 무한히 많이 보이는 거울

준비물

• 작은 거울 2개
• 사과 1개
• 접착테이프

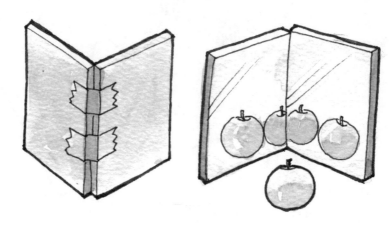

실험목적

두 개의 거울을 마주 놓고 그 사이에 물체를 놓으면, 거울이 마주보는 각도에 따라 보이는 영상이 달라진다.

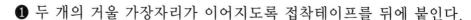

실험방법

❶ 두 개의 거울 가장자리가 이어지도록 접착테이프를 뒤에 붙인다.

❷ 두 거울을 그림처럼 세우고, 거울 중앙에 사과를 놓는다. 몇 개의 사과가 거울에 보이는가?

❸ 두 거울의 각도가 90도 보다 작으면 사과가 몇 개 보이는가? 각도가 90도일 때는? 90도보다 클 때는?

❹ 두 거울을 나란히 세우고, 그 중앙에 사과를 놓은 후 거울에 비친 사과의 수를 헤아려보자.

실험결과 두 거울이 마주하는 각도와 거울을 바라보는 눈의 위치에 따라 거울에 비치는 사과의 수는 다르게 보인다. 나란히 놓은 거울 사이에 있는 사과는 끝없이 길게 여러 개가 보인다.

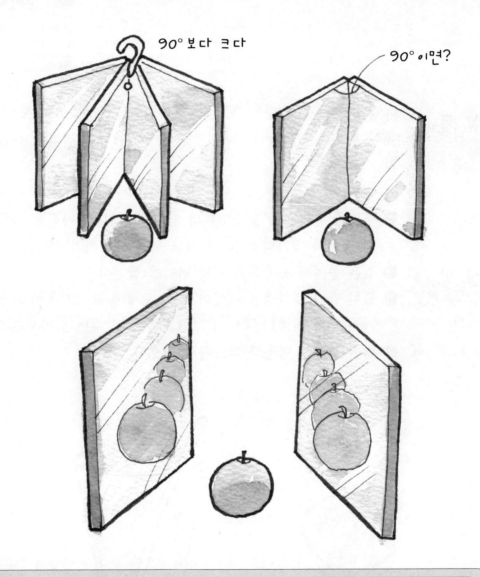

연구 나란히 놓은 거울 속에서는 반사된 상이 다시 반사되기를 거듭하기 때문에 무한히 많은 사과를 볼 수 있다.

실험 (27) 빛이 물에서 굴절되는 각도를 재어보자

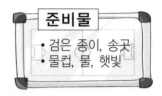

준비물
• 검은 종이, 송곳
• 물컵, 물, 햇빛

실험목적

유리그릇에 걸쳐 있는 젓가락을 보면 젓가락이 휘어 보인다. 이처럼 빛이 휘어지는(굴절하는) 현상을 관찰하면서 굴절하는 이유를 알아보자.

실험방법

❶ 투명한 유리컵에 물을 3분의 2 정도 담고, 젓가락을 걸쳐놓는다. 컵 옆에서 젓가락을 볼 때 어느 부분에서 휘기 시작하는가?

❷ 검은 종이에 송곳으로 구멍 하나를 뚫는다.

❸ 물이 담긴 유리컵을 햇빛이 드는 곳에 놓고, 그 종이로 유리컵을 가려 구멍을 지나온 빛이 그림처럼 컵의 수면에 비치도록 한다.

❹ 빛이 꺾이는 방향과 각도를 재어보자.

❶ 물속에 꽂힌 젓가락은 수면에서 꺾이기 시작한다.
❷ 검은 종이의 구멍으로 나온 빛살은 수면에서 내려 꺾인다.

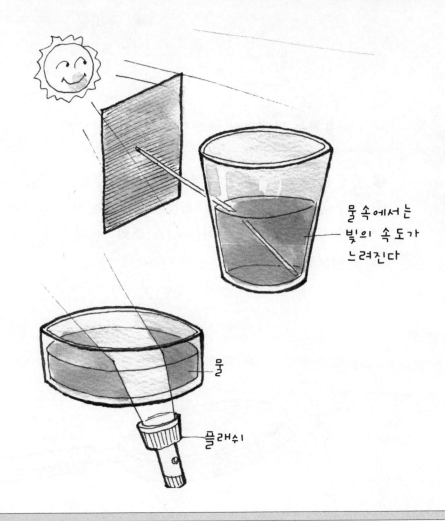

물 속에서는 빛의 속도가 느려진다

물

플래쉬

연구

빛은 진공 속에서 1초에 30만 킬로미터를 진행할 수 있다. 이런 빛도 공기 속을 지날 때는 속도가 약간 느려지고, 물속을 지날 때는 더 감소한다. 그러므로 공기 속을 지나온 빛이 밀도가 더 큰 물을 만나면 그 경계면에서부터 속도가 떨어지면서 아래로 꺾인다. 빛은 물보다 유리, 유리보다 다이아몬드 속을 지날 때 더 많이 굴절한다. 다이아몬드에서 반사된 빛이 영롱한 것은 굴절이 심한(굴절률이 큰) 때문이다. 만일 물이 든 유리그릇 아래에서 손전등 빛을 쪼인다면 어떻게 보일까?

28 볼록렌즈의 확대 배율은 어떻게 알 수 있나?

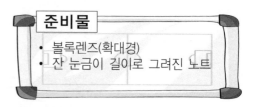

준비물
- 볼록렌즈(확대경)
- 잔 눈금이 길이로 그려진 노트

실험목적 내가 사용하는 확대경의 배율은 어느 정도일까?

실험방법
❶ 햇빛 아래에서 확대경의 초점거리를 재보자.
❷ 잔 눈금이 그려진 노트를 초점거리 위치에서 그림처럼 확대경으로 보면서 확대경 안에 보이는 선의 수와, 실제 노트의 선이 몇 개인지 비교한다.

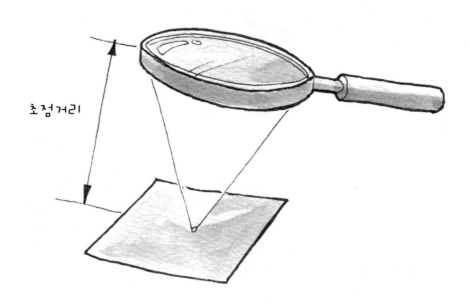

초점거리

실험결과

이 그림에서 확대경 속에 보이는 두 선 사이에 4개의 노트 선이 들어 있다. 그러므로 이 확대경은 4배로 보인다.

연구

볼록렌즈는 초점거리에 놓여 있는 물체가 제일 선명하고 크게 보인다.
물방울 렌즈를 만들어 몇 배로 확대되어 보이는지 확인해보자. (물방울 렌즈 만드는 법은 〈마술보다 재미난 과학실험〉 37 참고)

29 거울 조각으로 잠망경(페리스코프) 만드는 법

준비물

• 가로, 세로 10센티미터 크기의 정사각형
  거울 2개 (유리가게에 의뢰하여 구한다)
• 마분지(가로 40센티미터, 세로 길이는 자유)
• 자, 연필, 가위, 칼, 풀(또는 접착테이프)

 실험목적

잠수함에서 사용하는 잠망경의 원리를 이해하면서, 자신을 숨기고 외부를 볼 수 있는 페리스코프를 만들어보자. 잘 제작하여 보관해두고 사용토록 하자.

 실험방법

❶ 준비한 거울의 폭 보다 한 변의 길이가 4배 긴 마분지를 준비한다. (거울이 너무 작으면 경통이 비좁아 손을 넣고 작업하기 어렵다.)

❷ 그림과 같이 사각형 경통을 만들 수 있도록 펼친그림을 그린다.

❸ 펼친그림의 아래와 위에 정사각형(또는 원형) 구멍을 각각 뚫는다. 이 구멍의 위치는 거울을 45도로 세웠을 때, 입사된 빛을 직각으로 반사할 수 있는 곳이다. 구멍의 크기는 거울보다 약간 작게(8~9센티미터) 한다.

❹ 거울을 45도로 고정하도록 거울 아래 위치에 마분지 조각으로 받침을 미리 만들어 풀로 고정해둔다.

❺ 구멍 반대쪽에 45도 각도로 거울을 단단히 붙이면서 경통을 완성한다. 경통의 외부 가장자리는 풀이나 접착테이프로 확실하게 고정한다.

실험결과 페리스코프가 완성되었다.

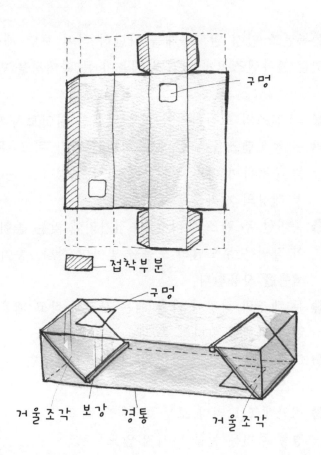

구멍

접착부분

거울조각   보강   경통   거울조각

연구

페리스코프가 있으면 키가 닿지 않는 창 너머를 볼 수 있다. 또한 벽 뒤에 가려진 곳도 볼 수 있다. 새나 야생동물을 관찰할 때 은폐물에 숨어서 보기 좋다. 경통의 창구 있는 부분에 후드(가리개)를 붙이면 더 근사한 페리스코프가 된다.

실험

30 볼록렌즈를 이용한 고배율 확대경 만들기

준비물

- 집안에 굴러다니는 볼록렌즈 2개
  (직경이 작고, 초점거리가 짧을수록 좋음)
- 경통을 만들 종이 파이프, 쇠톱

실험목적

볼록렌즈 안경 알 두 개를 나란히 하여 보면 배율이 커진다. 구할 수 있는 볼록렌즈 2개를 겹쳐 배율이 큰 확대경을 만들어보자.

실험방법

❶ 각 렌즈의 초점거리와 확대 배율을 알아보자 (실험28 참고)

❷ 두 볼록렌즈를 두 손으로 하나씩 각각 쥐고, 두 렌즈 사이의 거리를 조정하며 어떤 위치에서 가장 선명하고 큰 글씨를 볼 수 있는지 대강의 거리를 측정한다.

❸ 준비한 두 렌즈의 직경, 초점거리에 맞는 종이 경통을 준비한다. 이 작업은 부모님의 도움을 받아야 한다. 종이 경통을 자를 때는 쇠톱을 사용한다.

❹ 두 렌즈의 직경이 다를 때는 직경이 작고 배율이 큰 렌즈를 대물렌즈(물체를 향하는 쪽 렌즈)로 사용한다.

❺ 그림처럼 두 렌즈 사이의 거리를 조정하면서 스스로 만든다.

❻ 접안렌즈(드려다 보는 쪽 렌즈) 쪽의 경통 주변은 눈을 다치지 않도록 마무리를 깨끗이 한다.

렌즈 하나로 볼 때보다 배율이 큰 확대경을 만들 수 있다. 확대 배율이 크면 초점 부분만 상이 선명하고, 초점을 벗어나면 상이 흐리고 굴절에 의해 무지개색이 나타난다.

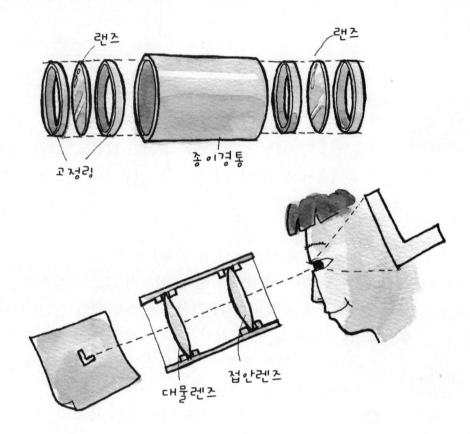

연구

이와 같은 방법으로 잘 만든다면 5배 정도 크게 보이는 고배율 확대경을 만들 수 있다. 시계수리를 할 때 사용하는 확대경은 10배 정도 고배율이다. 만일 2배와 3배 렌즈 2개로 확대경을 만든다면 2와 3을 곱한 6배 확대경이 된다.

31 볼록렌즈를 이용한 망원경 만들기

준비물
- 직경이 크고 초점거리가 긴 볼록렌즈
- 직경이 작고 배율이 높은 볼록렌즈
- 직경이 작은 오목렌즈
- 종이 경통

실험목적

망원경에는 두 눈으로 보도록 만든 쌍안경과 한 눈으로 보는 단안 망원경이 있다. 단안 망원경에는 물체가 뒤집혀 보이는 것(도립상)과 바로 보이는(정립상) 망원경이 있다. 실험30의 만드는 요령으로 단안 망원경을 만들어보자.

실험방법

(* 이 공작은 부모님의 도움을 받아야 한다.)

❶ 두 렌즈의 초점거리를 잰다. 직경이 크고 초점거리가 긴 렌즈를 대물렌즈로 하고, 초점거리가 짧은 것을 접안렌즈로 한다.

❷ 두 렌즈를 양 손에 각각 들고 거리를 조정하며 멀리 있는 물체를 본다. 선명하게 보일 때, 두 렌즈 사이의 거리를 대략 측정한다.
이 거리는 대강의 경통 길이에 가깝다.

❸ 그림과 같은 구조와 원리로 망원경을 설계하여 만든다. 대물렌즈와 접안렌즈는 경통 안에서 흔들리지 않도록 '고정 링'을 확실하게 만든다.

❹ 접안렌즈 쪽의 경통은 끝마무리를 잘 하여 눈이 다치지 않도록 한다.

실험결과

접안렌즈로 볼록렌즈를 쓰면 상이 거꾸로 보이고, 오목렌즈를 사용하면 바르게 보인다.

경통

신축 내부 경통

볼록렌즈
(긴 초점거리)

〈케플러 망원경〉

볼록렌즈(짧은 초점)

〈갈릴레오 망원경〉

오목렌즈

연구

대물렌즈와 접안렌즈를 모두 볼록렌즈로 만든 망원경은 이를 처음 만든 과학자의 이름을 따서 케플러 망원경이라 부르고, 볼록렌즈와 오목렌즈로 만든 것은 갈릴레오 망원경이라 말한다. 망원경은 2,3배만 크게 보여도 운동경기나 공연을 볼 때 큰 도움이 된다.

32 흔들리지 않게 쌍안경 보는 법

쌍안경은 멀리서 운동경기와 공연을 볼 때 편리하다. 또한 쌍안경으로 별을 보면 더 많은 별이 대단히 잘 보인다. 쌍안경으로 멀리 있는 것을 보면 손이 흔들려 물체를 잘 보기 어렵다. 이때는 쌍안경을 쥔 두 손의 엄지 부분이 얼굴의 광대뼈에 밀착되게 하여 보면 잘 흔들리지 않는다.

제3장
물과 공기의 성질

실험
33 건포도를 물에 불려 삼투현상을 관찰해보자

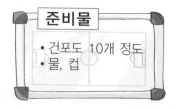

준비물

• 건포도 10개 정도
• 물, 컵

실험목적

건포도는 포도를 건조한 곳에서 말려 수분을 빼낸 것이다. 건포도를
물 속에 넣어 불리면 어떻게 변할까?

실험방법

① 건포도를 만져보고, 어느 정도 단맛과 신맛이 있는지 맛도 보자.
② 건포도를 물 컵에 담가두고 하룻밤을 지낸다.
③ 물에 불린 건포도는 어떤 모습이 되었는가? 맛은 어떤가?

 실험결과

밤 동안 건포도 속으로 물이 스며들어가 부풀면서 말랑말랑해진다. 단맛은 아주 약해졌고, 신맛은 거의 없다.

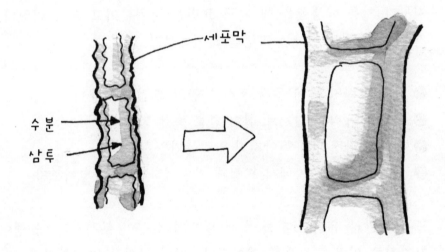

세포막

수분

삼투

 연구

쪼그라져 있던 건포도가 부풀어난 것은 물이 건포도의 세포막을 통해 안으로 들어가 세포 속을 가득 채운 결과이다. 이것이 삼투현상이다. 삼투는 세포막을 사이에 두고 물의 농도가 높은 곳에서 낮은 곳으로 수분이 이동하는 현상이다.

건포도는 약 4000년 전부터 이집트와 페르시아 사람들이 먹었다. 건포도는 열매가 작고 씨가 없으며, 신맛이 적은 품종으로 만들고 있다. 건포도는 당분의 농도가 잼처럼 진하여 세균 번식이 어려우므로, 오래 보존해두고 먹을 수 있다.

제3장 물과 공기의 성질

실험 (34) 바위는 고온과 저온의 영향으로 흙이 된다

준비물

• 유리 조각
• 렌지나 화로의 불
• 집게, 물

실험목적

지구가 처음 탄생했을 때 지구 표면은 바위뿐이고 흙이 없었다. 바위가 부서져 조각이 나는 과정을 확인해보자.

실험방법

❶ 화로나 렌지 불에 유리 조각을 놓고 뜨겁게 달군다.
❷ 뜨거운 유리를 집게로 집어 찬물 속에 넣는다.
❸ 유리가 잔잔하게 깨어지지 않았는가?
❹ 돌멩이를 화로 속에서 뜨겁게 가열했다가 물에 넣어보자.

실험결과

뜨겁게 달군 유리를 찬물 속에 넣으면 산산이 부서진다. 돌멩이도 마찬가지로 여러 조각으로 깨어진다. 이런 작업을 반복한다면 돌멩이는 더 작은 조작으로 나누어질 것이다.

연구

유리이든 바위이든 뜨겁게 가열하면 부피가 팽창하고, 찬물에 넣으면 부피가 수축한다. 유리나 바위는 부피가 늘어날 때나 수축할 때 깨어지게 된다. 태양이 뜨겁게 비치는 곳은 열이 높아지고, 밤이 되면 기온이 떨어져 함께 식는다. 이처럼 온도의 차이가 생길 때마다 바위는 조금씩 깨어져 흙이 된다. 실험 재료로 유리를 사용한 것은 열에 더 민감하게 반응하여 깨어지기 때문이다.

유리

냉수

깨어진 암석

실험 35 컵을 뒤집어도 쏟아지지 않는 물

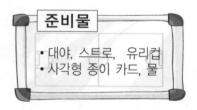

준비물
• 대야, 스트로, 유리컵
• 사각형 종이 카드, 물

실험목적

기압은 공기가 누르는 힘이다. 기압을 이용하여 컵을 뒤집어도 그 안의 물이 쏟아지지 않도록 해보자.
(* 이 실험은 물이 쏟아지므로 싱크대 안에서 한다.)

실험방법 1

❶ 싱크대 바닥에 유리컵을 놓고 물을 넘치도록 가득 채운다.
❷ 컵 위에 그림과 같이 종이 카드를 놓는다.
❸ 종이 카드 위에 손바닥을 대고 누른 상태로 얼른 뒤집어보자. 컵 안의 물이 쏟아져 나오는가?

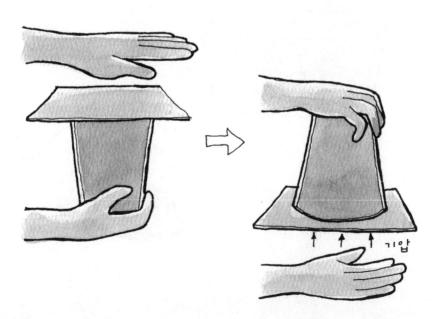

실험방법 2

❶ 스트로 안을 물로 가득 채운 상태로 그림처럼 한쪽 입구를 손가락으로 꽉 막는다.

❷ 손가락을 살짝살짝 떼어보자.

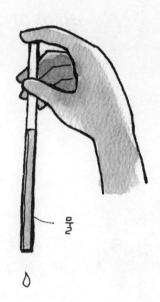

물

 실험방법 3

❶ 대야에 물을 3분의 2쯤 담는다.

❷ 유리컵을 대야 물 속에 넣고 기울여 물이 가득하게 한 다음, 컵의 입구가 아래로 가도록 세운다.

❸ 컵을 천천히 들어올려 보자. 컵 안의 물은 언제 쏟아져 나오는가?

 실험결과 연구

❶ 컵을 뒤집어도 물은 쏟아지지 않는다. 그러나 종이 카드를 치우면 물은 순간 쏟아진다. 종이 카드로 막혀 있는 동안은 외부의 기압이 종이 카드 전면에 고르게 작용하기 때문에 물은 쏟아지지 않는다.

❷ 손가락 끝으로 스트로를 막고 있으면, 내부 보다 외부의 기압이 높으므로 물은 더 이상 나오지 않는다.

❸ 이때는 수면에 작용하는 기압이 컵 안의 물이 내려오지 못하게 한다.

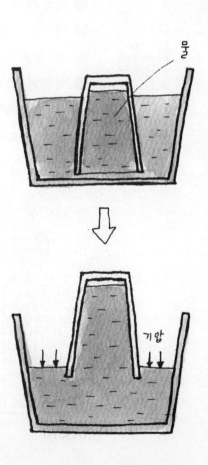

물

기압

실험 36 병 안의 물이 분수처럼 분출하게 하는 트릭

준비물
- 음료수 페트병
- 공작용 찰흙(점토)
- 스트로, 냄비
- 냉수, 더운 물

실험목적
페트병에 꽂아둔 스트로를 통해 내부의 물이 분수처럼 분출하게 하는 마술을 부려보자.

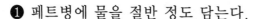

실험방법
❶ 페트병에 물을 절반 정도 담는다.
❷ 병 입에 긴 스트로의 끝이 물에 충분히 잠기도록 세우고, 병 입구를 찰흙으로 단단히 봉한다.
❸ 어떻게 하면 병 안의 물이 스트로를 통해 밖으로 분출되도록 할 수 있을까?
❹ 냄비에 따뜻한 물을 담고, 페트병을 넣고 잠시 기다려보자.

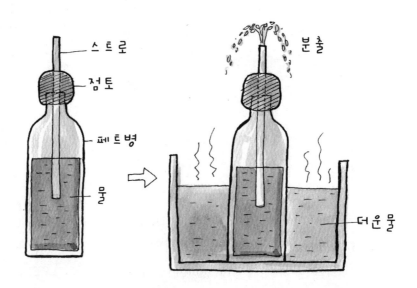

스트로 / 점토 / 페트병 / 물 / 분출 / 더운 물

❺ 스트로 끝을 입에 대고 강하게 입김을 불어넣은 상태에서 얼른 입을 뗀다.

 실험결과

❶ 페트병을 따뜻한 물에 넣으면, 얼마 후부터 병 안의 물이 스트로를 통해 조금씩 밖으로 밀려나오게 된다.

❷ 스트로를 힘껏 분 상태에서 입을 떼는 순간, 스트로 끝으로 병 안의 물이 분수처럼 용솟음쳐 나온다.

연구

물의 온도가 오르면 병 안의 공기가 팽창하므로, 병 내부의 기압이 높아져 물이 밀려 나오게 된다. 또한 스트로를 입으로 불면 병 안의 기압이 높아진다. 이런 상태에서 얼른 입을 떼면 기압의 힘으로 병 속의 물은 일부가 뿜어 나오게 된다.

실험 ③⑦ 촛불이 바람 쪽으로 기우는 이유는 무엇일까?

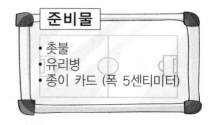

준비물

• 촛불
• 유리병
• 종이 카드 (폭 5센티미터)

실험목적

공기가 빠르게 흐르는 곳은 기압이 낮아진다. 촛불을 이용하여 사실을 확인해보자.

실험방법

❶ 촛불을 켜서 탁자 위에 놓고, 그 앞에 그림과 같이 폭이 5센티미터인 종이 카드를 세운다.

❷ 카드 뒤에서 촛불 쪽으로 입 바람을 후 불어보자. 양초의 불꽃은 어느 쪽으로 움직이나?

❸ 종이 카드 대신 음료수병을 세우고 입 바람을 불어보자.

❹ 양초의 불꽃은 어떻게 움직이나?

5cm

불꽃이 앞으로 쏠린다.

❶ 종이 카드를 놓고 불면, 불꽃은 종이 카드 쪽으로 기울게 된다.

❷ 병 뒤에서 바람을 불면, 불꽃은 병과 반대쪽으로 움직이며, 바람이 강하면 꺼져버린다.

불꽃은 뒤로 날린다

연구

바람이 빠르게 지나는 곳은 기압이 낮아지는 현상이 발생한다. 그러므로 종이 카드 뒤에서 바람을 불면, 카드 뒷면의 기압이 낮아져 불꽃은 종이 카드 쪽으로 기운다. 그러나 유리병이 있으면 입 바람은 병 뒤를 돌아 촛불 쪽으로 불어간다. (〈마술보다 재미난 과학실험〉 실험35, 〈매직 과학실험 125가지〉 실험8 참고)

끓는 물에서 나오는 흰 수증기는 물방울이다

준비물
- 주전자
- 물
- 가스렌지 (또는 난로)
- 촛불

실험목적

물이 끓고 있는 주전자 주둥이에서 금방 나온 수증기는 눈에 보이지 않는다. 그러나 조금 떨어지면 하얗게 나타난다. 흰 증기도 수증기인가?

실험방법

❶ 주전자에 1컵 정도의 물을 넣고 끓인다.

❷ 끓기 시작하여 주둥이로 증기가 세게 나오기 시작하면, 주전자 입으로부터 얼마나 떨어진 곳에서 흰 증기가 보이나?

❸ 하얗게 보이던 증기는 공중으로 퍼지면서 보이지 않게 된다.

❹ 흰 증기가 나타나기 시작하는 부분에 촛불을 켜놓아 보자. 그 자리에 여전히 흰 증기가 보이는가?

실험결과

주전자의 주둥이 바로 가까운 곳에서는 흰 증기가 보이지 않는다. 주둥이에서 멀리 떨어져도 흰 증기는 보이지 않게 된다.

흰 증기가 보이기 시작하는 곳에 촛불을 놓으면, 그 부분에서는 흰 증기가 사라진다.

증기가 보이지 않는다

수증기란 액체 상태의 물이 기체 상태로 된 것이다. 그러므로 기체인 수증기는 보이지 않는다. 하얗게 보이는 것은, 수증기가 찬 공기를 만나 식으면서 서로 엉겨(응축하여) 액체 상태의 수많은 작은 물방울이 된 때문이다.

공중으로 오르면서 수증기가 보이지 않게 되는 것은 작은 물방울들이 서로 멀리 떨어지거나, 건조한 공기 속에서 다시 수증기로 변한 때문이다. 주전자 주둥이 앞에 촛불을 놓으면, 그 열이 물방울을 다시 수증기 상태로 만들어 보이지 않게 된다.

39 이슬이 생기는 온도(이슬점)를 측정해보자

준비물
• 깡통
• 얼음, 물
• 온도계

실험목적

아침에 일어나면 어떤 날은 풀잎에 이슬이 가득 내려 있고, 어떤 날은 전혀 이슬이 없다. 이슬이 내린 날 밤에는 기온이 이슬점보다 낮았던 것이다. 이슬이 생기는 온도(이슬점)는 어떻게 측정하나? 이슬은 왜 생기나?

실험방법

❶ 깡통에 미지근한 물을 3분의 2쯤 담는다.
❷ 깡통 주변에 이슬이 생기는가?
❸ 깡통의 물 속에 얼음을 몇 개 넣어두고, 그 표면에 이슬이 생기는지 지켜본다.
❹ 이슬이 생기는 순간 온도계를 물 속에 넣어 그때의 수온을 재보자.
❺ 이슬점은 항상 같은가, 아니면 그날의 기온과 습도에 따라 변할까?

실험결과

깡통 벽에 이슬이 생기는 때의 수온이 이슬점에 가까운 온도이다. 이슬점은 그 날의 기온과 습도에 따라 변한다. 그러므로 이슬점은 매일 다르며, 같은 날이라도 시간에 따라 달라지기도 한다.

연구

이슬은 공기 중의 수증기가 서로 붙어 물방울이 된 것이다. 이러한 이슬이 생기려면, 공기 중에 습기가 많아야 하고, 기온도 낮아야 한다.
냉장고 속에 있던 깡통 음료를 밖으로 들어내면, 겨울보다 여름에 더 빨리 깡통 주변에 이슬이 생긴다. 여름철에 습도가 높은 이유는, 더운 공기가 찬 공기보다 더 많은 습기를 포함할 수 있기 때문이다.

얼음

미지근한
물

물

이슬없음

이슬발생

실험 40 5개의 구멍에서 한 줄기의 물이 나오는 트릭

준비물
- 큰 종이컵
- 송곳이나 작은 못
- 물
- 손가락

실험목적

종이컵에 뚫어 놓은 5개의 구멍으로부터 나란히 뻗어 나오던 물줄기가 하나의 물줄기가 되고, 다시 5개의 물줄기로 변하게 하는 트릭을 부려보자.

실험방법

❶ 종이컵 바닥 가까운 곳에 못이나 송곳으로 5개의 구멍을 나란히 뚫는다. 구멍과 구멍 사이의 거리는 5밀리미터 정도 되도록 한다.

❷ 손가락으로 구멍을 가린 상태에서 컵에 물을 가득 담는다.

❸ 손가락을 빨리 치워보자. 물은 5개의 구멍으로 각각 뻗어 나온다.

❹ 5개의 물줄기 앞을 손가락으로 가로막아보자. 순간 물줄기는 1줄기로 뭉쳐 나온다.

❺ 손가락 끝으로 5개의 구멍을 쓱 문질러보자. 아직도 1줄기로 물이 나오는가?

실험결과

5개의 물구멍을 가볍게 문지르면, 각 구멍의 물은 다시 각각 나뉘어 5가닥으로 나온다.

연구

손가락을 움직일 때마다 물줄기가 1개에서 5개로, 5개에서 1개로 계속 달라지는 모습을 친구들에게 마술처럼 보여주는 트릭이다. 5개의 물줄기가 1줄기로 일단 만나면 물 분자는 서로 붙으려 하는 응집력에 의해 계속 1줄기로 붙어 나오게 된다. 그러나 손가락을 움직여 물줄기를 갈라놓으면 5줄기로 나뉘어 뿜어 나온다.

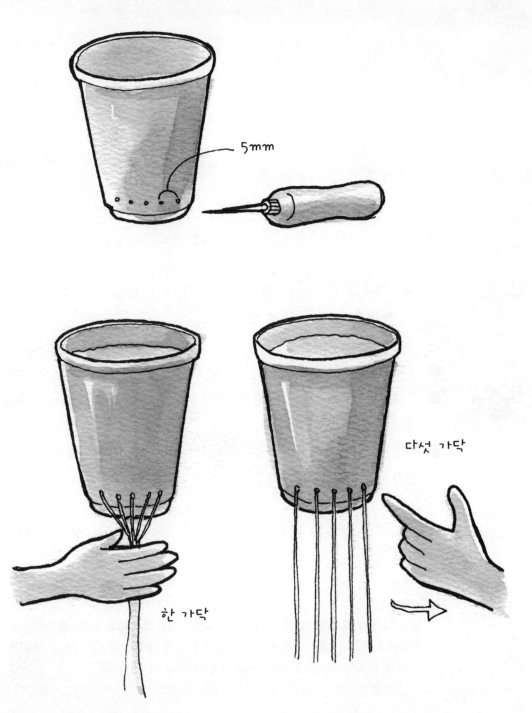

5mm

한 가닥

다섯 가닥

실험 41 얼음이 팽창하는 엄청난 힘을 조사해보자

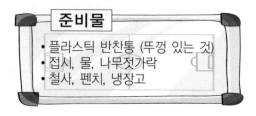

준비물
- 플라스틱 반찬통 (뚜껑 있는 것)
- 접시, 물, 나무젓가락
- 철사, 펜치, 냉장고

실험목적

겨울을 지내고 나면 아스팔트나 콘크리트 도로가 여기저기 갈라져 있다. 그 원인을 실험을 통해 알아보자

실험방법

❶ 플라스틱 반찬통에 물을 가득 담고 뚜껑을 한다.
❷ 이 통의 아래와 위에 그림과 같이 나무젓가락을 걸치고, 좌우를 철사로 단단히 조인다.
❸ 이렇게 준비된 것을 접시에 담에 냉동칸에 넣는다. 다음날 아침 관찰해보자.

실험결과

반찬통 안의 얼음이 팽창하면서 뚜껑은 솟아오르고, 젓가락까지 부러져 있다.

연구

물이 얼면 부피가 늘어난다. 겨울 동안 추위로 땅속의 수분이 얼면, 팽창하면서 아스팔트나 콘크리트를 잘 깨뜨린다. 상태가 심하면 땅속에 묻어둔 수도관이나 가스관 등을 파괴하기도 한다. 이런 현상도 '동파 사고'의 하나이다.

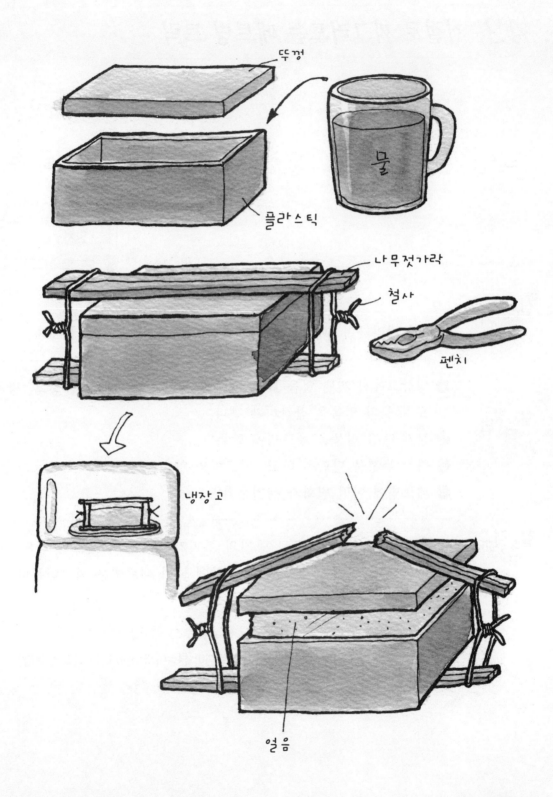

뚜껑

물

플라스틱

나무젓가락

철사

펜치

냉장고

얼음

42 저절로 찌그러드는 페트병 트릭

준비물
- 페트병
- 냉장고 얼음
- 플라스틱 주머니
- 망치

실험목적

온도가 내려가면 부피가 줄어드는 현상을 실험으로 확인해보자.

실험방법

❶ 냉장고에서 꺼낸 얼음 10개 정도를 플라스틱 주머니에 넣고, 망치로 두들겨 얼음을 잔잔하게 깬다.

❷ 잘게 깨진 얼음을 페트병에 담는다.

❸ 즉시 뚜껑을 단단히 막고, 페트병의 얼음을 흔들어준다.

❹ 페트병에 어떤 변화가 생기는가?

실험결과

내부의 온도가 내려가므로 공기의 부피가 줄어들어 페트병 안의 기압이 내려간다. 그에 따라 외부의 기압에 눌려 페트병은 찌그러든다.

연구

페트병의 뚜껑을 열지 않고 찌그러진 페트병이 원상이 되게 하려면 어떻게 할까?

작게 깬다

비닐봉지

찌그러든다

43 돌고드름이 생겨나는 현상을 실험해보자

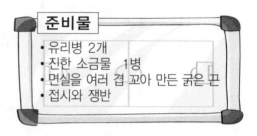

준비물
- 유리병 2개
- 진한 소금물 1병
- 면실을 여러 겹 꼬아 만든 굵은 끈
- 접시와 쟁반

실험목적

석회동굴에 가면 위에서 내려온 돌고드름(종유석)과, 아래에서 위로 올라간 석순을 볼 수 있다. 이들이 어떻게 생겨나는지 실험으로 알아보자.

실험방법

❶ 두 유리병에 소금물을 각각 나누어 담는다.
❷ 쟁반 위에 두 유리병을 놓고, 그 사이에 접시를 놓는다.
❸ 그림과 같이 두 유리병 사이에 굵은 면실 끈을 걸친다.
❹ 이것을 따뜻한 곳에 두고 3,4일 후에 관찰한다.

실험결과

양쪽 유리병의 소금물은 면실을 타고 스며 오른다. 늘어진 부분에서 떨어진 소금물은 쟁반 바닥에 소금 석순을 만들고, 끈에는 소금 고드름을 달게 된다.

연구

병 속의 소금물은 면실을 따라 모세관현상에 의해 올라가 그네처럼 늘어진 곳에서 일부는 접시에 떨어지고, 일부는 그대로 건조하여 고드름과 석순을 만든다. 석회동굴에서는 석회 성분이 포함된 물이 한 방울씩 떨어지면서 건조하여 신비스런 모습으로 종유석과 석순을 만든다.

진한 소금물

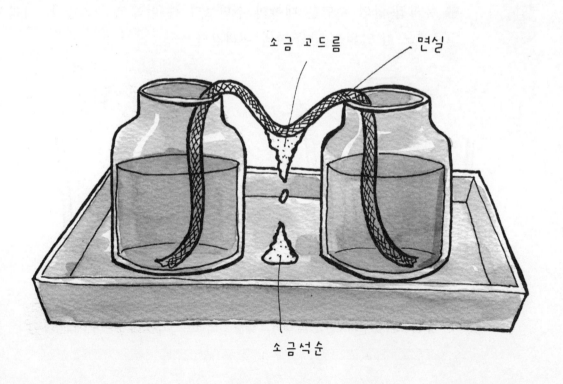

소금 고드름   면실

소금석순

44 유리컵 속의 공기가 차지한 공간을 확인해보자

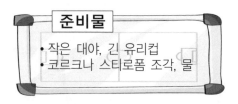

준비물
• 작은 대야, 긴 유리컵
• 코르크나 스티로폼 조각, 물

실험목적

공기는 눈에 보이지 않아 존재를 확인하기 어렵다. 간단한 실험으로 공기가 차지한 공간을 확인해보자.

실험방법

❶ 대야에 물을 반쯤 담는다.
❷ 그 위에 코르크(또는 스티로폼 조각)를 띄운다.
❸ 유리컵을 뒤집어 그림과 같이 코르크 위에 씌우고 아래로 쑥 눌러보자.
❹ 유리컵 안으로 대야의 물이 들어가는가?

실험결과

❶ 유리컵 안의 수면은 대야의 수면보다 쑥 아래로 내려간다. 따라서 코르크도 컵 안의 수면을 따라 내려간다.

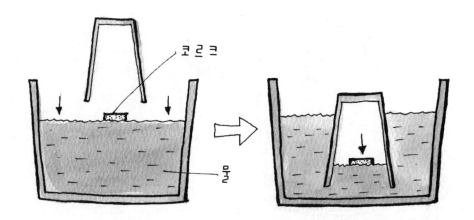

연구
컵 안의 공기가 차지한 만큼 대야의 물을 눌러 코르크와 함께 수면이 내려가게 된다.

제4장
열과 온도의 과학

열을 받으면 물의 부피는 얼마나 팽창하나?

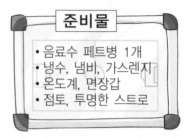

준비물

• 음료수 페트병 1개
• 냉수, 냄비, 가스렌지
• 온도계, 면장갑
• 점토, 투명한 스트로

 실험목적

온도가 높아지면 모든 물체의 부피가 팽창한다. 물은 온도에 따라 얼마나 부피가 팽창하는지 실험해보자.

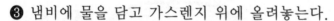

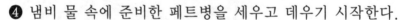

❶ 페트병 안에 입구까지 물을 가득 채운다.

❷ 페트병 입구에 투명한 스트로를 꽂고, 점토를 사용하여 그림처럼 세운다.

 실험방법

❸ 냄비에 물을 담고 가스렌지 위에 올려놓는다.

❹ 냄비 물 속에 준비한 페트병을 세우고 데우기 시작한다.

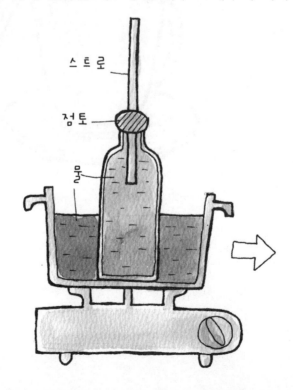

스트로

점토

물

❺ 냄비 물속에 온도계를 넣어 수온이 40도, 50도, 60도가 되었을때, 스트로 위로 올라간 물의 높이를 측정한다. (뜨거운 것은 면장갑을 끼고 잡도록 한다.)

물의 온도가 올라가면 물은 스트로 기둥을 따라 위로 올라간다. 온도가 높으면 부피가 더욱 팽창하여 더 높이 오른다.

(*주의:물의 온도를 더 이상 높게 하면 안 된다. 페트병이 변형되어 더운물에 화상을 입을 위험이 있기 때문이다.)

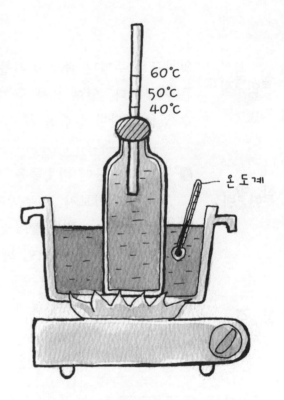

60℃
50℃
40℃

온도계

연구 | 물도 온도가 높아지면 부피가 늘어나므로, 병 안의 물은 스트로 기둥을 따라 위로 올라간다. 실험한 뒤, 페트병의 수온을 냉각시키면 물기둥이 다시 내려가는 것도 관찰해보자.

실험 46 온도가 오르면 공기의 부피가 크게 팽창한다

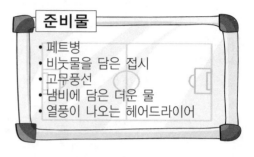

준비물
- 페트병
- 비눗물을 담은 접시
- 고무풍선
- 냄비에 담은 더운 물
- 열풍이 나오는 헤어드라이어

실험목적

열기구는 주머니 속의 공기를 뜨거운 열로 팽창시켜 공중에 뜨도록 만든 기구이다. 열에 의해 공기의 부피가 늘어나는 현상을 쉽게 관찰할 수 있는 간단한 실험을 해보자.

실험방법

❶ 페트병 입구에 비눗물을 적셔 비누막을 만든다. 페트병을 따뜻한 물속에 넣어보자. 비누막이 어떤 변화를 보이나?

❷ 고무풍선에 바람을 불어넣는다. 이 풍선에 헤어드라이어로 열풍을 쐬어보자. 풍선은 어떤 변화를 나타내는가?

실험결과

❶ 페트병을 따뜻하게 하면, 내부의 공기가 팽창하여 비누막이 불룩하게 나온다.

❷ 열풍을 받은 고무풍선은 점점 팽창한다.

연구

폭탄이 폭발하는 것은 화약이 타서 생긴 기체가 고열에 의해 갑자기 크게 팽창한 결과이다. 제트기나 로켓은 연료가 타서 고열로 팽창된 기체가 강력하게 쏟아져 나가는 힘의 반작용으로 비행한다.

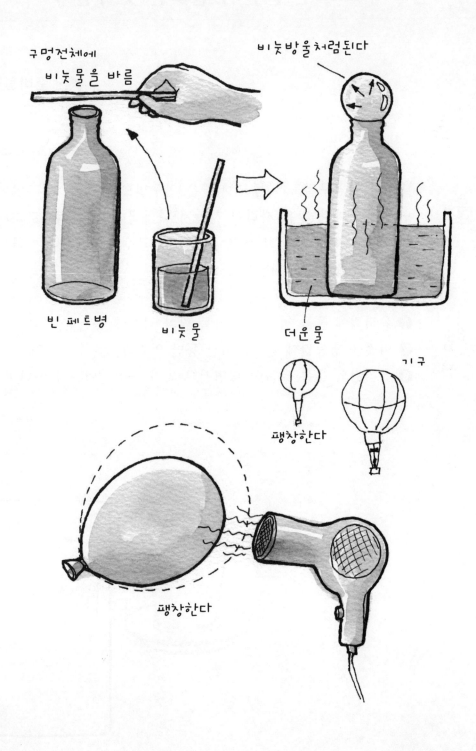

구멍전체에
비눗물을 바름

비눗방울처럼된다

빈 페트병

비눗물

더운물

기구

팽창한다

팽창한다

실험 47 온도가 오르면 물질의 밀도는 낮아진다

준비물
- 유리컵, 접시
- 냉수, 냉장고

실험 목적

대도시는 인구밀도가 높고 시골은 인구밀도가 낮다. 인구밀도란 같은 면적에 얼마나 많은 사람이 사는지 나타낸다. 일반적으로 사방 1킬로미터($1km^2$) 면적에 살고 있는 사람의 평균수가 인구밀도이다. 물의 밀도는 무엇을 의미할까?

실험 방법

❶ 유리컵에 물을 넘치도록 가득 담아 접시에 놓는다.
❷ 이것을 냉동칸에 넣고 1시간 동안 얼린다.
❸ 유리컵의 물은 얼음이 되면서 부피가 줄어들었는가 아니면 증가했는가?

물

물은 얼음이 되면서 부피가 늘어나, 일부의 물은 컵을 넘쳐 접시에 얼어붙어 있다. 부피가 늘면 밀도는 낮아지고 부피가 줄면 밀도는 높아진다.

연구

모든 물질은 온도가 오르면 부피가 늘어나고, 온도가 내려가면 부피가 준다. 그러나 물은 섭씨온도 4도일 때 부피가 최소로 줄어들고, 그보다 높거나 낮으면 부피가 증가하는 특별한 성질을 가지고 있다. 가벼워진 얼음이 물위에 뜨는 것은 참 다행한 일이다. 섭씨 4도인 물의 밀도는 1이고, 4도보다 온도가 높거나 낮으면 물의 밀도는 1보다 작아진다.

실험 48 음식물의 열량을 나타내는 칼로리란 무엇인가?

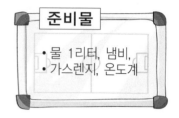

준비물

• 물 1리터, 냄비,
• 가스렌지, 온도계

실험목적

음식물이 포장된 상표를 보면 그 음식물에 포함된 칼로리 표시가 있다. 칼로리의 의미를 실험으로 확인해보자.

실험방법

❶ 냄비에 1리터의 물을 담고 가스렌지 위에 올린다.
❷ 점화하기 전에 물의 온도를 잰다.
❸ 점화 후 5분이 지났을 때 물의 온도를 재보자.
❹ 만일 섭씨15도이던 물이 40도가 되었다면, 이 물은 데워지기까지 얼마나 많은 에너지를 소모했는가?

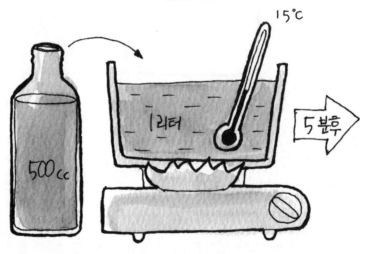

소모열량
1리터(1000cc) × 25° = 2500cal
= 25kcal

실험결과
냄비 속의 물 1리터(1000밀리리터)는 5분 동안에 섭씨25도(40-15=25) 온도가 상승했다. 그러므로 이 물을 데우는 데는 1000×25 = 25000칼로리의 열이 소모되었다.

40℃

 연구

물 1밀리리터(1cc)를 온도 1도 높이는데 필요한 열량(에너지)을 1칼로리(1cal)라 한다. 1킬로칼로리(kcal)는 1000cal이므로, 이 실험에 사용한 1000cc의 물을 온도 25도 높이는 데는 25000칼로리 즉 25킬로칼로리(kcal)의 에너지가 소모되었다.
사람의 몸은 하루 종일 몸을 따뜻하게 하고, 숨을 쉬고, 일하고, 달리고, 잠자고 하는데, 한 사람 평균 2500kcal의 에너지가 필요하다. 즉 우리 몸은 100리터의 물을 온도 25도 올리는데 필요한 정도의 열량(에너지)을 매일 소모하는 것이다.
음식물 포장지에 표시된 칼로리 수치는, 일정한 양의 그 음식이 우리 몸에서 분해되었을 때 낼 수 있는 에너지의 양을 의미한다.

49 공기는 열을 잘 전달하지 않는다

준비물

• 쇠 젓가락, 촛불,
• 따뜻한 물이 담긴 찻잔

추운 겨울이 되면 따뜻한 난로와 온돌방이 그리워진다. 따뜻함(열에너지)은 어떻게 전달되나? 열이 잘 전달되지 않는 물질은 어떤 것인가?

실험방법

❶ 촛불을 켜고 젓가락 길이 정도로 떨어진 곳에 손바닥을 펴고 있으면 촛불의 열이 느껴지는가?

❷ 불꽃 속에 쇠 젓가락을 대고 있으면 곧 뜨거움을 느낀다. 왜 그런가?

❸ 더운 물이 담긴 찻잔을 손바닥으로 만지면 따뜻하다. 그러나 찻잔에서 손을 조금만 떼면 열을 느끼지 못한다. 왜 그럴까?

❹ 냄비의 나무 손잡이는 열을 잘 전하는가?

실험결과

❶ 촛불 옆의 손바닥은 열기를 거의 느끼지 못한다. 그러나 젓가락을 불꽃에 대고 있으면 금방 젓가락 끝까지 뜨거워진다.

❷ 뜨거운 물이 담긴 찻잔의 벽은 매우 뜨겁다. 그러나 찻잔에서 손바닥을 조금만 떼어도 열기를 느끼기 어렵다.

❸ 냄비의 나무 손잡이는 잘 뜨거워지지 않는다.

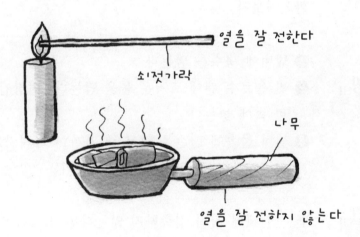

열을 잘 전한다 / 쇠젓가락 / 나무 / 열을 잘 전하지 않는다

연구

쇠는 열을 잘 전달하는(열전도성이 좋은) 물질이다. 그러나 공기는 열을 잘 전달하지 않는다. 겨울철에 입는 오리털 파카나 이불의 깃털 사이에는 공기가 차지한 공간이 많아 외부의 찬 온도나 내부의 체온이 잘 나가지도 들어오지도 못한다.

나무나 플라스틱 등도 열을 잘 전달하지 않는 물질이다. 집을 지을 때 창문 유리를 2중, 3중으로 하면 유리창 사이의 공기가 열을 차단해준다.

집을 건축할 때는 열이 잘 전도되지 않는 단열재, 소리를 막아주는 방음재, 습기가 들지 않는 방습재를 벽 재료로 사용한다.

실험 50 물도 열을 잘 전달하지 않는 물질이다

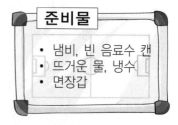

준비물

- 냄비, 빈 음료수 캔
- 뜨거운 물, 냉수
- 면장갑

실험목적

뜨거운 물은 항상 조심하여 다루어야 한다. 물은 온도를 잘 전하는 물질처럼 생각되지만, 실제로는 열을 잘 전하지 않는 물질임을 실험으로 확인해보자.

실험방법

❶ 냄비에 냉수를 담는다.

❷ 빈 음료수 캔에 뜨거운 물을 담는다. 면장갑을 끼고 캔을 들어 냄비 속에 놓는다.

❸ 냄비 물속에 맨손을 넣고 캔 가까이 가져가보자. 뜨거움을 느끼는가? 캔을 살짝 만져보자. 뜨거운가?

실험결과

맨손이 캔에 직접 접촉하지 않는다면 뜨거움을 느끼지 않는다. 그러나 캔에 손이 닿으면 금방 뜨겁다.

연구

실험49에서는 공기가 열을 잘 전도하지 않는 것을 알았다. 물도 공기와 마찬가지로 열을 잘 전하지 않는다. 뜨거운 물을 생각하면, 물은 열을 매우 잘 전하는 물질이라고 생각하기 쉽다. 물은 쉽게 뜨거워지지도 않고, 뜨거운 물은 잘 식지도 않는다.

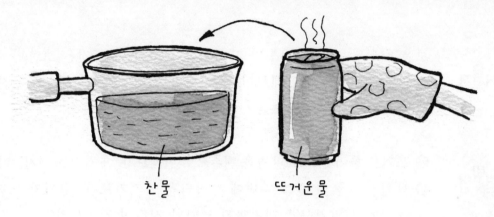

찬물　　　　뜨거운 물

가까이 가도
안뜨거!

뜨거!

51 열은 진공 속으로도 전달되는가?

실험목적

보온병에 담은 물의 온도가 오래도록 변하지 않는 것은 보온병 주변을 진공상태로 만들었기 때문이다. 그렇다면 태양의 열은 어떻게 진공 상태인 우주공간을 건너오나?

실험방법

❶ 뜨거운 물이 담긴 보온병을 맨손으로 만져보자. 뜨겁게 느껴지는가?
❷ 백열전구를 켜고 그 주변에 손바닥을 가져가보자. 열기가 느껴지는가? 그 열기를 느끼기까지 얼마나 시간이 걸리는가?

실험결과

❶ 보온병 내부의 열은 주변이 진공이기(그림 참고) 때문에 내부의 열이 나가지도 않고, 외부의 열이 들어가지도 않는다.
❷ 백열전구 속은 거의 진공에 가깝다. 그러나 전등을 켜면, 금방 그 열기를 손바닥에 느낄 수 있다.

보온병

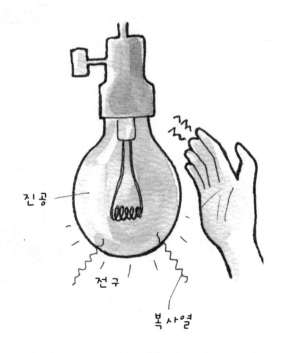

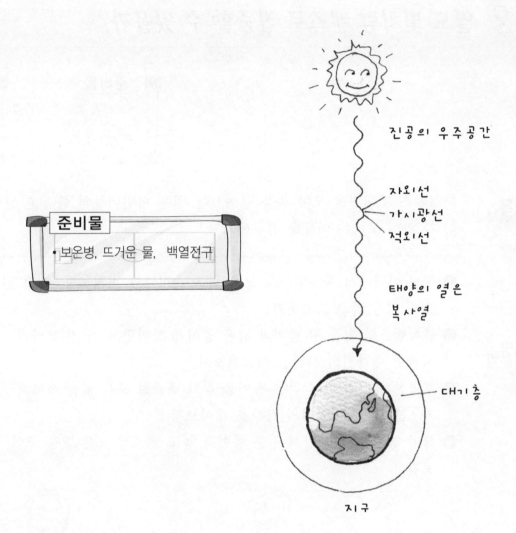

진공의 우주공간

자외선
가시광선
적외선

태양의 열은
복사열

대기층

지구

준비물
• 보온병, 뜨거운 물, 백열전구

연구

위의 두 실험은 서로 반대되는 현상을 보여주고 있다. 그러나 두 가지 다 맞는 말이다. 진공 속은 열을 전도하거나 대류를 일으킬 물질이 없다. 그러나 전구 속의 열은 전도나 대류 방법이 아니라 빛처럼 온 것이기 때문이다. 이렇게 열이 빛처럼 전달되는 것을 복사열이라 한다.

태양에서 오는 열(적외선)은 진공 상태의 우주공간을 지나온 것이다. 태양열에서 오는 적외선은 가시광선보다 약간 파장이 길며, 빛과 같은 속도로 빠르게 온다. 사실 태양에서 발생되는 전체 에너지 양의 절반은 적외선(열)이고, 나머지가 가시광선과 자외선 에너지이다.

실험 52 열도 빛처럼 렌즈로 집중할 수 있을까?

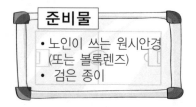

준비물
- 노인이 쓰는 원시안경
  (또는 볼록렌즈)
- 검은 종이

실험 목적

볼록렌즈로 햇볕을 모아 불을 붙여보는 일은 어린이들의 즐거운 실험이다. 열이 모이는 이유를 연구해보자.

실험 방법

❶ 햇빛 아래에서 볼록렌즈로 모은 빛을 손바닥에 비쳐보자. 어떤 경우에 가장 밝고 뜨거운가?

❷ 볼록렌즈의 빛을 흰 종이와 검은 종이에 쪼이면서, 연기가 나기 시작할 때까지의 시간을 비교해보자.

❸ 투명한 유리컵 안에 검은 종이를 놓고 렌즈로 모은 빛을 쪼여보자. 연기가 나기까지의 시간을 재어보자.

❹ 색이 있는 유리컵 안에 검은 종이를 놓고 렌즈로 모은 빛을 쪼여보자.

흰종이　　　　　검은종이

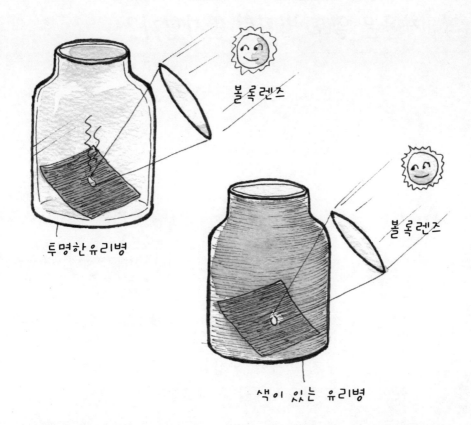

볼록 렌즈

투명한 유리병

볼록 렌즈

색이 있는 유리병

실험결과

❶ 렌즈로 모은 빛은 직경이 가장 작을 때, 즉 초점이 가장 밝고 뜨겁다.

❷ 흰색 종이보다 검은색 종이가 더 빨리 연기를 내기 시작한다.

❸ 렌즈의 빛은 유리도 투과하여 검은 종이를 타게 한다. 그러나 유리가 없을 때보다는 시간이 더 걸린다.

❹ 색이 있는 유리컵은 투명 컵보다 더 많은 시간이 걸려 연기가 난다.

연구

열도 빛(적외선)이기 때문에 볼록렌즈를 지나며 굴절하여 초점에 모인다. 흰 종이는 빛과 열의 상당 부분을 반사하고, 검은 종이는 흡수하는 성질이 있다. 투명한 유리컵을 투과하는 빛(열)은 일부가 유리 표면에서 반사되기도 하고, 일부는 유리에 흡수되기도 한다. 만일 유리에 색이 있다면 더 많은 열(빛)이 유리에서 흡수되어 종이에 도달하는 에너지가 줄어든다.

실험 53 거울은 열도 빛처럼 반사할까?

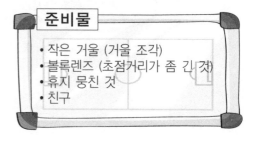

준비물

• 작은 거울 (거울 조각)
• 볼록렌즈 (초점거리가 좀 긴 것)
• 휴지 뭉친 것
• 친구

 실험목적

거울은 빛을 잘 반사한다. 실험52에서 열을 볼록렌즈로 집속할 수 있 듯이, 거울로 열을 반사할 수 있을까?

 실험방법

❶ 렌즈로 휴지 뭉치에 초점을 맞춘다.
❷ 친구로 하여금 렌즈와 휴지 중간에 거울을 45도로 밀어 넣어, 그 빛이 반사되는 위치에 다른 휴지뭉치를 놓는다.
❸ 반사된 빛도 휴지를 태우는가?

 실험결과

거울에 반사된 빛의 초점에 놓인 휴지도 연기를 내며 탄다. 이것은 열 이 거울에서 반사됨을 증명한다.

 연구

열(적외선)은 빛의 성질을 가진 에너지이기 때문에 직진하고, 반사하고, 굴절하기도 한다. 겨울철에 그늘진 자리는 햇볕이 바로 옆에 있어도 춥다. 그것은 열도 직진하 기 때문이다.

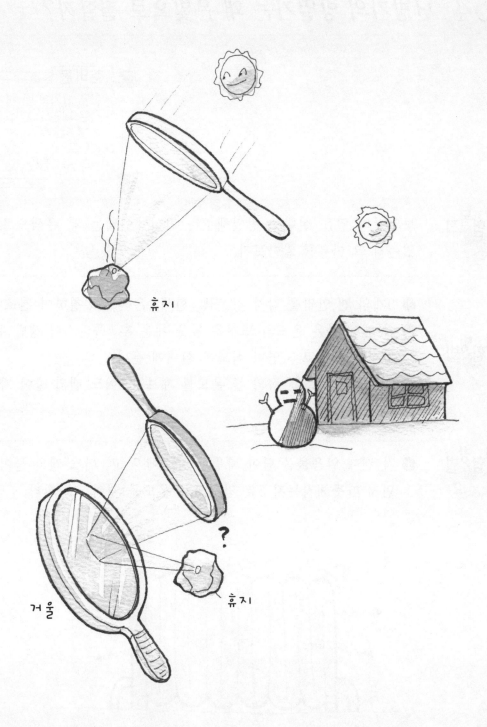

휴지

?

거울

휴지

실험
54 난방기의 방열기는 왜 은빛으로 칠할까?

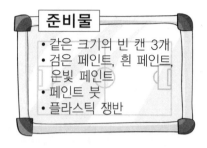

준비물

• 같은 크기의 빈 캔 3개
• 검은 페인트, 흰 페인트, 은빛 페인트
• 페인트 붓
• 플라스틱 쟁반

 실험목적

보일러의 열을 실내로 방열해주는 라디에이터는 왜 은색으로 칠해져 있는지 그 이유를 알아보자.

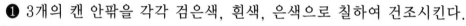

 실험방법1

❶ 3개의 캔 안팎을 각각 검은색, 흰색, 은색으로 칠하여 건조시킨다.
❷ 각 캔에 같은 온도의 뜨거운 물을 채운 후, 플라스틱 쟁반 위에 삼각형으로 놓고 자연히 식도록 실내에 둔다.
❸ 5분 간격으로 캔 속의 물 온도를 재보자. 어느 캔의 물이 가장 빨리 식을까?

 실험방법2

❶ 각 캔에 얼음물을 담아 따뜻한 장소에 두고, 어느 캔의 물이 가장 먼저 따뜻해지는지 5분 간격으로 온도를 재어 조사한다.

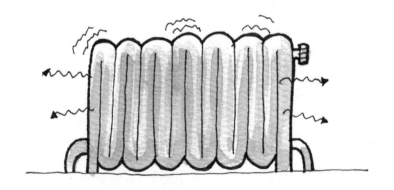

실험결과

❶ 은빛 캔에 담아둔 물이 제일 먼저 식고, 다음은 흰 캔, 검은 캔 순이다.

❷ 검은색 캔의 물이 먼저 따뜻해진다.

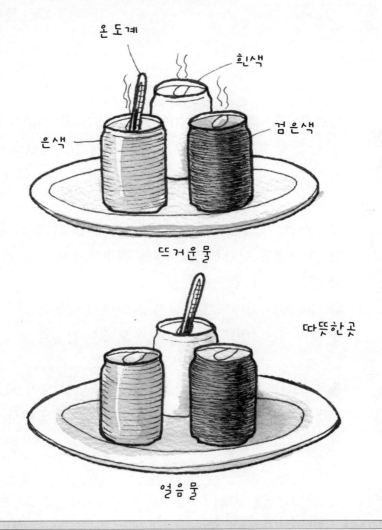

뜨거운 물

따뜻한 곳

얼음 물

연구

열원(熱源)에서 열이 사방으로 퍼져나가는 현상을 방열(放熱)이라 한다. 은빛에서 방열현상이 제일 잘 일어난 것이다. 검은색은 열을 잘 흡수하는 동시에 열이 방출되는 것을 억제한다.

방열기(라디에이터)는 보일러에서 오는 뜨거운 열이 외부로 잘 방출되도록 만들어야 한다. 그래서 라디에이터는 열이 방출되는 표면적이 넓도록 주름처럼 만들었으며, 그 표면에는 은빛이나 흰 페인트를 주로 칠해둔다.

실험 (55) 고산에서는 왜 음식이 잘 익지 않을까?

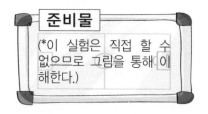

준비물

(*이 실험은 직접 할 수 없으므로 그림을 통해 이해한다.)

실험 목적

일반적으로 물은 섭씨 100도에서 끓는다. 100도보다 낮은 온도에서 물을 끓게 할 수 있을까? 물의 온도를 100도보다 더 높게 할 수 없는가?

실험 방법

그림과 같이 3개의 단단한 쇠솥에 물을 담고 1)해수면 높이, 2)높은 산, 3)뚜껑을 단단히 덮은 솥을 해수면에서 끓일 때,

❶ 경우에는 100도에서 끓는다.

❷ 경우에는 100도보다 낮은 온도에서 끓는다.

❸ 경우에는 100도보다 높은 온도에서 끓는다.

실험 결과

❷의 고산에서는 기압이 낮으므로 물은 100도가 되기 전에 끓고, 3)의 경우에는 기압이 높아 100도보다 높은 온도에서 끓는다.

연구

고산에서 밥을 짓거나 요리할 때는 100도가 되기 전에 물이 끓어버리므로, 보통 때보다 장시간 익혀야 한다.

한편, 뚜껑을 밀폐해두면 내부의 기압이 높아져 물은 기체 상태로 되기(기화하기) 어려워진다. 고압 조건에서 물은 100도보다 온도가 높아야 끓는다.

고압전기밥솥은 100도보다 조금 높은 온도에서 밥이 끓도록 만든 것이다. 연구실에서 사용하는 강철로 만든 고압의 멸균기는 물의 온도를 121도 이상 높이도록 한다. 고압솥에는 기압이 너무 높을 때, 증기가 저절로 빠지도록 안전밸브가 달려 있다.

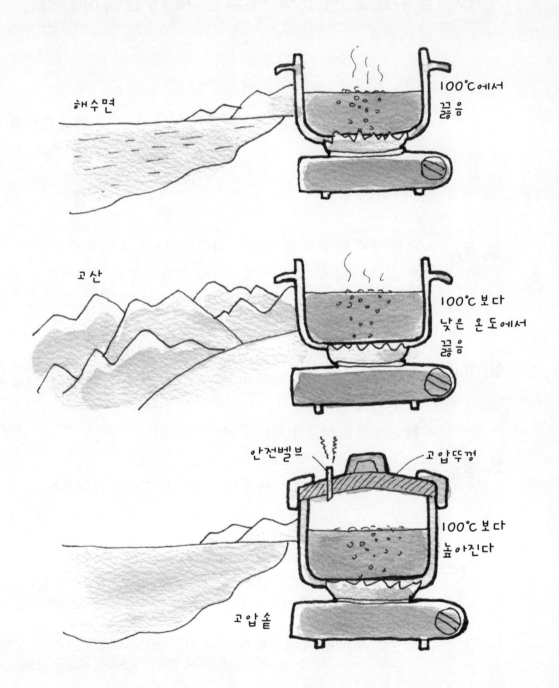

해수면

100°C에서
끓음

고산

100°C 보다
낮은 온도에서
끓음

안전밸브   고압뚜껑

100°C 보다
높아진다

고압솥

실험 56 알코올을 피부에 바르면 왜 시원해지는가?

준비물
- 온도계
- 솜 또는 휴지
- 소독용 알코올

실험목적

여름 한낮 아주 더운 시간이 되면, 마당에 물을 뿌려 다소 시원해지도록 한다. 이것은 물이 증발하면서 주변의 열을 흡수하기 때문이다. 증발하는 알코올은 열을 얼마나 잘 뺏어갈까?

실험방법

❶ 솜이나 휴지에 소독용 알코올을 충분히 적신다.
❷ 온도계의 눈금을 확인한 뒤, 젖은 솜을 온도계의 아래 볼록한 부분에 놓는다.
❸ 온도계의 눈금이 얼마나 내려가는가?

실험결과

온도계의 눈금은 아주 빠르게 일정한 온도까지 내려간다.

연구

알코올이나 아세톤 같은 액체는 물에 비해 증발하는 속도가 빠르다. 물을 끓이자면 (증발시키자면) 불로 데워야 하듯이, 알코올이 증발할 때는 주변에서 열을 뺏어간다.
헤어스프레이를 뿌리면 캔을 잡은 손이 시원해짐을 느낀다. 이런 현상은 살충제 스프레이, 운동하다 충격을 받았을 때 근육에 뿌리는 스프레이, 휴대용 가스렌지의 연료통 등에서 경험할 수 있다.

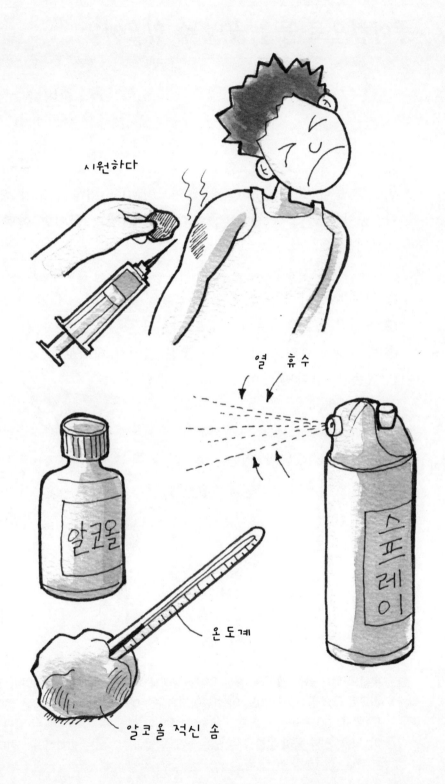

종이컵으로 물을 끓일 수 있을까?

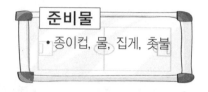
준비물
• 종이컵, 물, 집게, 촛불

실험 목적

물은 아무리 강한 불로 오래 끓여도 100도 이상 온도가 오르지 않는다. 종이는 불에 잘 탄다. 종이컵에 물을 담아 끓이면 어떤 현상이 일어날까?

실험 방법

❶ 화재 위험이 없는 안전한 곳에 촛불을 켠다.
❷ 종이컵에 물을 3분의 1 정도 담는다.
❸ 종이컵을 집게로 집어 들고 촛불 위에서 데워보자. 종이컵이 타버리는가, 아니면 물이 끓어도 타지 않고 있는가?

실험 결과

종이컵에 물이 남아 있는 동안은 종이컵이 타지 않는다.

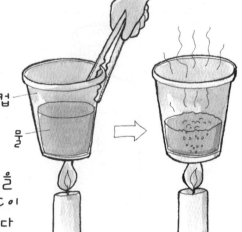

종이컵

물

물은 끓으면 열을 흡수하여 100℃ 이상 오르지 않는다

연구

촛불의 열은 물을 끓인다. 물은 액체상태에서 기체로 변하면서 끊임없이 열을 흡수하므로 물의 온도는 100도 이상 높아지지 않는다. 그러므로 물을 담은 종이컵의 온도 역시 100도 이상 높아지지 못한다. 종이가 불탈 수 있는 온도는 훨씬 높다. 종이, 나무, 성냥 등이 불붙을 수 있는 온도를 발화온도 또는 발화점이라 한다.

제5장
동물의 신비한 행동

실험 58 개똥벌레의 불빛에서는 열이 날까?

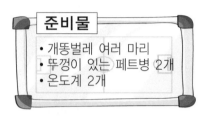

준비물
• 개똥벌레 여러 마리
• 뚜껑이 있는 페트병 2개
• 온도계 2개

실험 목적

불을 밝히는 등불이나 전등, 형광등에서는 열이 난다. 개똥벌레와 어떤 박테리아는 스스로 빛을 낸다. 복부에서 빛을 내는 곤충인 개똥벌레가 빛을 낼 때 열이 나는지 알아보자.

실험 방법

❶ 페트병 2개에 각각 온도계를 넣는다.
❷ 페트병 하나에만 개똥벌레를 여러 마리 잡아넣고 뚜껑을 덮는다. 개똥벌레를 채집할 때는 땅이나 나뭇가지에 앉기를 기다려 손으로 잡는다.
❸ 30분 후에 두 페트병의 온도를 읽어보자. 어느 쪽이 온도가 더 높은가?

실험 결과

두 페트병의 온도는 같다.

연구

전등이나 촛불, 형광등, 심지어 텔레비전 화면까지 빛이 나는 것에서는 모두 열이 난다. 그러나 개똥벌레의 몸에서 나오는 빛에는 열이 전혀 없다. 그래서 그러한 빛을 '냉광'(冷光)이라 부른다.
개똥벌레가 냉광을 낼 수 있는 것은 '루시페린'이라는 화학물질이 그들 몸에서 분비되기 때문이다. 루시페린과 산소가 결합하면 열이 없는 빛이 난다. 개똥벌레는 종류에 따라 빛을 깜박이는 시간이 서로 다르다.
** 〈손전등으로 개똥벌레와 교신하는 실험은 〈혼자서 해보는 어린이 과학실험〉 실험11 참고〉

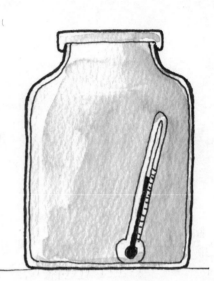

루시페린+산소 ⇨ 빛

생물 발광이란

개똥벌레(반디붙이)나 세균 등 생물체가 빛을 내는 것을 생물 발광이라 한다. 생물발광의 특징은 빛만 생기고 열이 없는 냉광을 내는 것이다. 개똥벌레의 냉광은 어둠 속에서 같은 무리의 결혼 상대에게 신호를 보내는데 편리하다.

개똥벌레는 종류에 따라 반짝이는 시간 간격이 다르며, 어떤 것은 빛의 색에도 차이가 있다. 물고기 중에 빛을 내는 것은, 물고기가 발광하는 것이 아니라 발광 박테리아가 공생하는 곳에서 나오는 경우도 있다.

59 나비와 나방은 어떻게 구별하나?

> **준비물**
> • 나비를 잡는 포충망 (손수 만드는 법은 〈마술보다 재미난 과학실험〉 실험99 참조)
> • 유리병 2개
> • 헌 스타킹(또는 양파를 담은 비닐 그물주머니), 고무 밴드

 실험목적 나비와 나방은 닮은 것 같지만 서로 형태가 많이 다르다. 어디에 어떤 차이가 있는지 관찰해보자.

 실험방법

❶ 포충망을 사거나 직접 만든다.

❷ 나비와 나방을 채집하여 각각 다른 병에 담고, 병 입구를 스타킹으로 덮는다. 스타킹이 벗겨지지 않도록 고무 밴드를 한다.

❸ 나비와 나방의 날개 모양을 비교해보자. 그들은 휴식할 때 날개를 어떻게 하고 있는가? 안테나(촉각)의 모양을 조사해보자. 배(복부)의 모양은 어떻게 다른가?

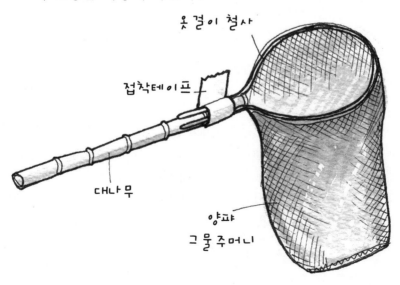

옷걸이 철사

접착테이프

대나무

양파 그물주머니

나비와 나방은 닮았다. 다리가 3쌍이고, 반짝이는 작은 비늘로 덮인 2쌍의 날개를 가졌다. 모두 좌우 2개의 촉각(더듬이)도 가지고 있다. 그러나 날개와 안테나, 복부 모양은 서로 다르다. 나비는 쉴 때 날개를 접어 등 위에 세워두고 있으나, 나방은 좌우로 펼치고 있다. 나비의 안테나는 가늘고 끝은 뭉툭하다. 그러나 나방의 안테나는 뭉툭하지 않고 전체에 많은 털이 있다. 나비는 배가 홀쭉하지만, 나방의 몸통(복부)은 크고 뚱뚱하다.

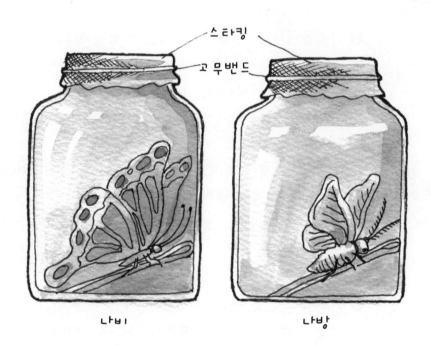

스타킹

고무밴드

나비   나방

연구

나비 종류는 나방보다 훨씬 예쁜 모양과 색을 가지고 있다. 나비는 주로 낮에 활동하고, 대부분의 나방은 밤에 날아다닌다. 나방은 번데기로 변할 때 명주실(비단실)을 내어 땅콩 껍질 모양의 고치를 만든다. 누에나방이 만든 고치 1개를 풀면 길이가 약 900미터에 이른다. 나비와 나방은 그 외에도 많은 차이가 있다. 꿀을 빨아먹는 입(구기) 모양도 관찰해보고, 곤충도감을 찾아 더욱 자세히 알아보자.

실험 60 거미는 모두 같은 모양으로 거미줄을 치는가?

준비물
- 에나멜 스프레이 페인트
  (진한 색이 좋다), 헤어스프레이
- 가위, 도와줄 친구, 두터운 백지 몇 장

 실험목적

산야에는 많은 종류의 거미가 살고 있다. 거미들은 종류에 따라 각기 독특한 모양으로 집을 짓는다.

 실험방법

❶ 거미들이 새로 집을 짓는 이른 아침에 야외에 나간다.

❷ 적당하게 잘 지어진 거미집을 발견하면, 거미줄에 매달린 이슬이 마르기까지 기다린다.

❸ 거미줄에 에나멜 스프레이 페인트를 뿌려 거미줄에 페인트가 묻도록 한다.

❹ 흰 종이 전체에 헤어스프레이를 뿌리고, 즉시 거미줄에 종이를 접근시켜 거미줄이 종이에 부착되도록 한다.

❺ 종이 가장자리 밖으로 뻗어나가 있는 거미줄은 동행한 친구가 가위로 잘라준다.

❻ 그대로 말리면 거미줄 표본이 된다.

❼ 거미줄 표본을 여러 장 만들어 나란히 놓고, 거미 종류에 따라 그 모양이 같은지 다른지 비교해보자. (* 거미는 해충을 잡아먹는 익충이므로 다치지 않게 한다.)

 실험결과

거미 종류가 같으면 거미줄 형태도 동일하다. 그러나 종류가 다르면 집 구조도 다르다.

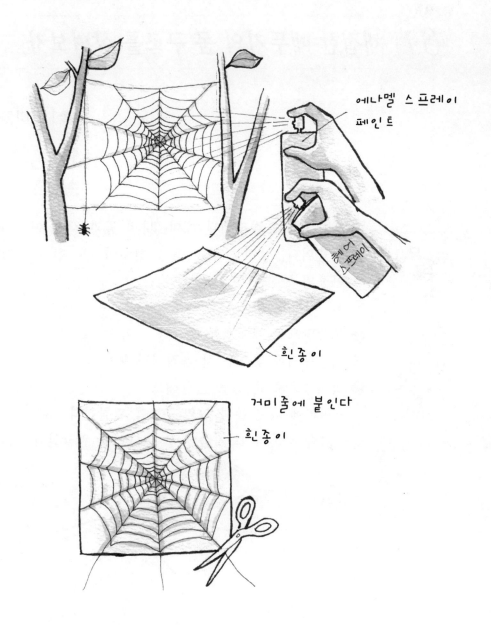

에나멜 스프레이 페인트

헤어 스프레이

흰종이

거미줄에 붙인다

흰종이

연구

거미는 그물을 치는 방법을 부모에게 배우는 것이 아니라, 유전자 속에 본능적으로 가지고 태어난다. 그러므로 종류가 같은 거미라면 건축기술도 동일하여 닮은 구조로 집을 만든다. 거미는 종류에 따라 형태가 다른 집을 지으므로, 집 모양을 보면 거미집의 주인이 어떤 거미인지 짐작할 수 있다.

제5장 동물의 신비한 행동

61 채집한 메뚜기의 몸 구조를 살펴보자

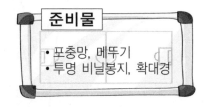

준비물

- 포충망, 메뚜기
- 투명 비닐봉지, 확대경

실험목적

메뚜기 종류는 잠자리나 매미, 나비 등과 같이 어린이들의 사랑을 받는 곤충이다. 날기도 하고 점프 선수이기도 한 메뚜기의 몸을 살펴보면 곤충의 특징을 알 수 있다.

실험방법

❶ 포충망으로 메뚜기를 잡는다.
❷ 비닐봉지에 넣으면 잘 움직이지 못한다.
❸ 확대경으로 온 몸을 관찰해보자.
 – 머리에 있는 눈과 입의 구조를 관찰한다.
 – 가슴 부분과 그 가슴에 붙은 다리를 관찰한다. 메뚜기가 잘 뛸

수 있는 이유(특히 뒷다리)를 조사한다.
– 메뚜기의 배(복부)에 있는 마디와 숨구멍을 관찰한다.

메뚜기(곤충)의 몸은 머리, 가슴, 배 3부분으로 나눌 수 있다. 그들은 두 쌍의 날개를 가졌고, 다리는 3쌍(6개)이 가슴에 붙어 있다. 뒷다리 는 유난히 크고 튼튼하여 잘 뛸 수 있다. 1쌍의 촉각과 입이 있고, 눈 은 커다란 복안과 작은 단안을 1쌍씩 가졌다.

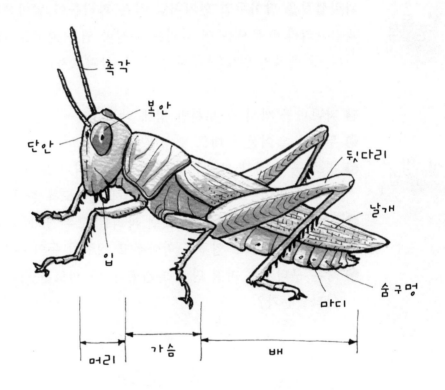

연구   메뚜기의 배에 마디가 있고 마디마다 좌우에 숨구멍 또는 기문(氣門)이라 부르는 공기구멍이 있다. 곤충은 이 기문으로 산소를 마시고 탄산가스를 내놓는 공기호흡 을 한다.

62 초파리를 키우며 파리의 일생을 관찰해보자

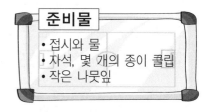

준비물
- 접시와 물
- 자석, 몇 개의 종이 클립
- 작은 나뭇잎

실험목적

과일껍질을 담아두면 먼지처럼 작은 파리들이 날아온다. 초파리 또는 과일파리라고 부르는 이 파리는 유전학 연구 재료로 매우 중요한 곤충이다. 초파리의 일생(생활사)을 직접 살펴보자.

실험방법

❶ 바나나를 까서 속 부분만 병에 담는다.
❷ 뚜껑을 열어둔 상태로 3~4일 둔다.
❸ 병 안을 드려다 보아, 그 안에 작은 파리가 보이면 헌 스타킹으로 입구를 막아 초파리가 날아 나오지 못하도록 한다.
❹ 3일쯤 더 두었다가 안에 있던 파리를 모두 병 밖으로 내쫓는다.
❺ 다시 스타킹으로 입구를 막아두고, 2주일 동안 수시로 관찰한다.
❻ 작은 구더기는 며칠 만에 발견했는가? 새로운 파리는 며칠 만에 나타났는가?

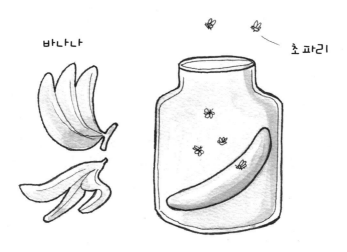

실험결과 초파리의 구더기는 초파리를 내보낸 뒤 2~3일 만에 발견된다. 귀엽게 생긴 새로운 작은 초파리는 2주일 이내에 발견된다.

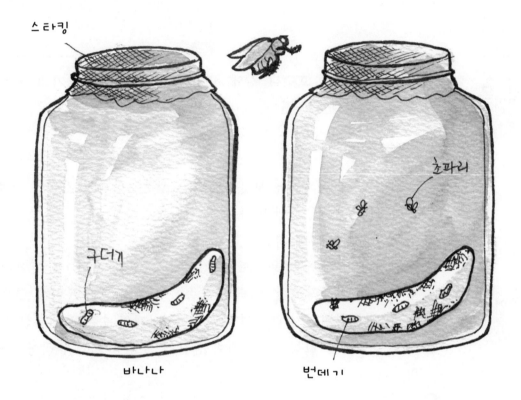

연구

과일 향기가 나면 야생하는 초파리가 그 냄새를 맡고 날아온다. 바나나라든가 사과 껍질 향기에 끌려 날아온 초파리는 과일즙을 빨아먹고 산다. 그들이 과일 속에 알을 낳으면, 알은 깨어나 구더기가 되고, 구더기는 과일을 먹고 자란다. 며칠 더 지나면 구더기는 번데기가 되었다가 파리가 된다.

알에서 파리가 되기까지는 약 2주일 걸린다. 초파리를 확대경으로 보면 파리 모습과 같다. 초파리는 신 과일이나 식초 향기를 잘 찾아오기 때문에 초파리라는 이름을 얻었다. 지구상에는 1,000여종의 초파리가 살고 있다.

63 금붕어가 겨울잠을 자게 해보자

준비물

- 살아있는 작은 금붕어
  (또는 다른 작은 민물고기)
- 아가리가 큰 유리병, 중간 크기 냄비
- 냉장고의 4각 얼음, 온도계

실험목적

추운 겨울이 오면 호수나 강에 사는 많은 물고기들은 거의 움직이지 않고 겨울잠(동면)을 잔다. 수온이 낮아지면 금붕어는 활동을 정지할까?

실험방법

❶ 아가리가 큰 유리병에 물을 담는다. (수돗물이라면 소독약 성분이 날아가도록 하루 전에 받아둔 물을 사용한다.)

❷ 금붕어를 유리병에 넣는다.

❸ 금붕어가 새 물에 적응하도록 30분 정도 두었다가, 1분 동안에 몇 번 아가미(아감딱지)를 여닫으며 숨을 쉬는지, 1분 동안에 입은 몇 번 벌름거리는지 헤아려 기록한다. 이때의 수온도 기록한다.

❹ 냄비에 얼음을 가득 담고, 냄비 중간에 금붕어가 든 유리병을 놓아둔다.

❺ 유리병의 수온이 섭씨 10도로 내려갔을 때의 아감딱지 개폐 회수와 입을 벌름거리는 수를 재보자.

❻ 유리병 안의 수온이 5도까지 내려가면 어떤 반응을 보이는가?

실험결과

수온이 내려가면 물고기가 아가미를 벌름거리며 숨을 쉬는 횟수가 크게 감소한다. 또한 입을 여닫는 횟수도 줄어든다. 수온이 5도까지 내려가면 물고기는 헤엄치기를 거의 멈추고 정지한 상태로 있다. 이때는 아감딱지와 입의 움직임도 거의 중단한다.

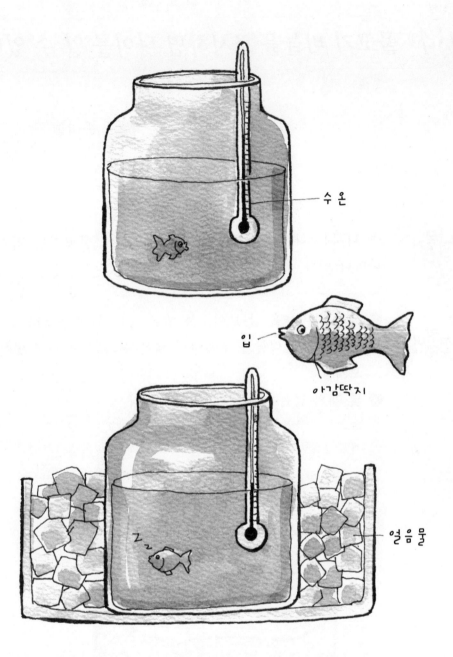

수온

입

아감딱지

얼음물

수온이 적당히 높으면 물고기의 활동은 왕성하다. 그러나 수온이 너무 내려가면 대부분의 물고기는 체온이 함께 떨어져 거의 활동을 멈춘다. 물고기 중에는 얼음같이 찬 물에서도 활동하는 종류(예; 빙어)가 있다.

실험

64 물고기 비늘을 조사하면 나이를 알 수 있다

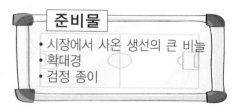

준비물

• 시장에서 사온 생선의 큰 비늘
• 확대경
• 검정 종이

 실험목적

큰 나무는 나이테를 헤아려 나이를 안다. 물고기는 비늘에 나이테가
나타나 있다.

 실험방법

❶ 생선의 비늘을 잘 보이도록 검은 종이 위에 놓는다.
❷ 확대경으로 비늘을 조사하여 넓은 선과 가는 선이 있는지 확인해
보자.
❸ 몇 개의 넓은 선이 있는지 헤아린다.

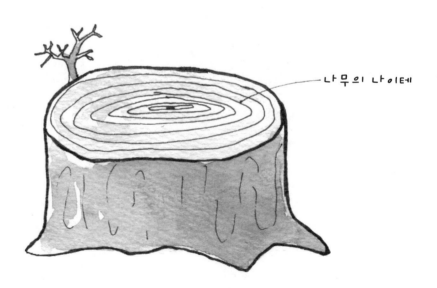

나무의 나이테

실험결과

비늘에는 폭이 넓은 선과 가는 선이 교대로 있다. 넓은 선의 수를 헤아리면 그것이 그 물고기의 나이이다.

비늘의 나이테

연구

나무는 해가 갈수록 줄기의 직경이 굵어진다. 나무줄기의 나이테를 보면, 더운 계절에는 자람이 빠르기 때문에 자란 부분의 색이 옅고 폭이 넓지만, 온도가 낮은 계절에 성장한 부분은 진하고 폭도 좁다. 눈으로 확인하기 좋은 넓은 선의 수를 헤아려 보면 그것이 그 나무의 나이이다.

물고기의 몸통이 자라면, 몸을 덮은 비늘의 수는 늘지 않고 비늘 자체가 점점 커진다. 따라서 물고기의 비늘 위에도 나무의 나이테와 같은 선을 찾아볼 수 있다.

지렁이는 냄새를 몸 어디에서 맡을까?

지하에서 사는 지렁이도 냄새를 맡을까? 맡는다면 몸의 어느 부분에 코가 있을까?

❶ 키친타월을 물에 적신 것을 탁자 위에 편다.
❷ 그 위에 지렁이를 놓는다.
❸ 솜방망이에 매니큐어를 칠하여 지렁이의 머리 쪽에, 꼬리 쪽에,그리고 긴 몸의 여기저기 가까이 가져가 보자. 이때 솜방망이가 지렁이의 몸에 닿지 않도록 한다.

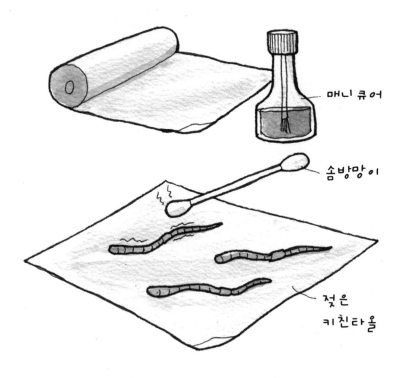

매니큐어

솜방망이

젖은
키친타올

❹ 지렁이는 어느 부분이 매니큐어 냄새에 대해 꿈틀거리며 반응하는가?

 지렁이는 머리나 꼬리만 아니라 온 몸 어디라도 냄새를 느껴 꿈틀거린다. (지렁이 사육법은 〈마술보다 재미난 과학실험〉 실험94 참고)

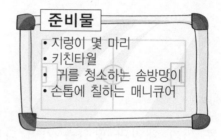

준비물
• 지렁이 몇 마리
• 키친타월
• 귀를 청소하는 솜방망이
• 손톱에 칠하는 매니큐어

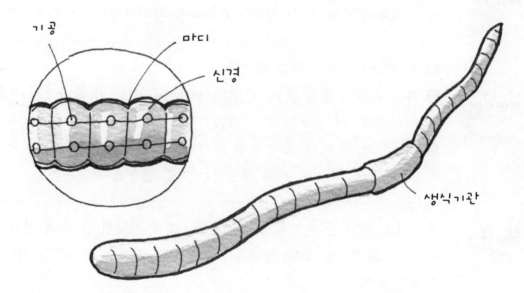

기공 / 마디 / 신경 / 생식기관

연구

지렁이의 몸에는 고등동물처럼 특별하게 생긴 코나 귀나 눈 따위의 감각기관이 만들어져 있지 않다. 보지도 듣지도 못하는 지렁이지만, 빛과 진동과 냄새에 대해 반응하는 신경은 가지고 있다. 지렁이는 뇌가 머리 쪽에 있고, 거기서 꼬리까지 신경이 뻗어 있다. 여러 개의 마디로 이루어진 지렁이의 몸 전체에 신경 조직이 퍼져 있으며, 몸 어디서나 냄새를 맡아 반응을 나타낸다.

지구상에는 약 1,800종의 지렁이가 살고 있으며, 제일 큰 종류는 오스트레일리아에 사는 것으로, 다 자라면 길이가 3.3미터나 된다.

실험 66 비온 뒤에는 왜 지렁이가 땅 위로 나오나?

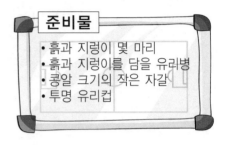

 실험 목적

큰 비가 내리면 땅위를 기어 다니는 지렁이를 자주 본다. 또 우리는 많은 지렁이 똥을 볼 수 있다. 그 이유를 알아보자.

 실험 방법

❶ 유리컵에 작은 자갈을 담는다.
❷ 자갈 위까지 물을 붓고, 수면에 공기방울(기포)이 올라오는 것을 관찰한다. 이 기포는 왜 생기는가?
❸ 지렁이가 든 병에 흙의 표면 위까지 물을 붓고, 기포가 올라오는 것을 관찰한다. 흙 속의 지렁이는 어떤 반응을 보이는가?

 실험 결과

흙에서도 얼마 동안 기포가 올라온다. 조금 지나면 흙 속에 있던 지렁이는 흙 표면으로 모두 올라온다. (* 실험 후에는 지렁이를 마당이나 화분에 놓아준다.)

연구

돌 틈에 있던 공기가 물에 밀려 나오듯이, 흙 틈새에 있던 공기도 물 밖으로 나온다. 많은 비가 내려 땅속의 흙 틈새에 물이 가득하면 공기가 부족하여 지렁이는 땅 위로 기어 나와 산소를 호흡한다. 많은 경우 지렁이는 자기의 굴에 산소가 충분히 들어오도록 막힌 구멍의 흙을 먹고, 그것을 지상으로 배출해놓기도 한다. 사람들은 지렁이가 배출한 흙을 '지렁이 똥'이라고 말한다.

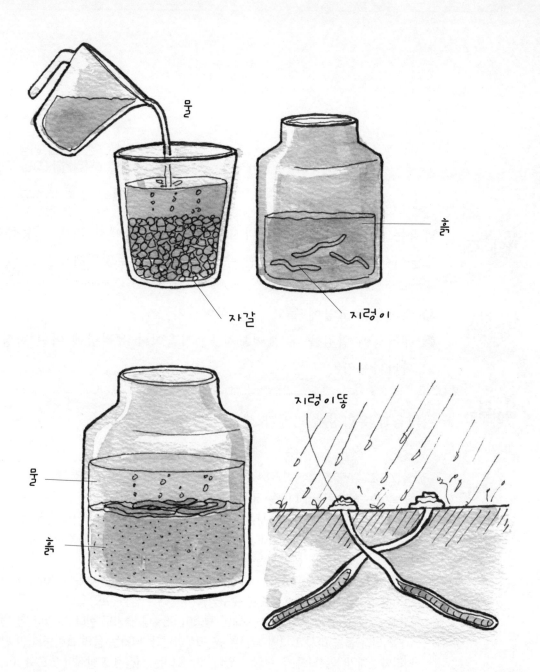

67 낙타가 물을 오래 마시지 않고도 견디는 비결

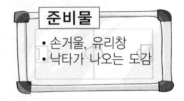

준비물
- 손거울, 유리창
- 낙타가 나오는 도감

실험목적

낙타는 최고 17일간 물을 마시지 않고도 사막에서 지내는 동물이다. 그들이 사막생활에 잘 적응할 수 있는 비밀은 무엇일까?

실험방법

❶ 손거울을 코앞에 들고 숨을 쉬어보자.
❷ 유리창에 입김을 후 불어보자. 손거울이나 유리창에 어떤 현상이 나타나는가?

실험결과

손거울과 유리창에 안개가 생겨 물방울이 맺힌다.

연구

숨 속에는 허파로부터 나오는 많은 양의 수증기가 포함되어 있어, 숨 쉬는 동안 몸의 수분이 상당량 소모된다. 사람의 코는 허파와 콧구멍 사이가 거의 일직선이므로 수분이 쉽게 빠져나간다. 그러나 낙타의 콧속은 미로처럼 구불구불하여 허파의 수분이 잘 나가지 않아, 몸의 수분을 오래도록 간직할 수 있다.

그 외에 낙타는 털이 많은 눈썹이 이중으로 되어 있고, 귓구멍에는 털이 가득하여 먼지가 잘 들어가지 않는다. 또한 콧구멍을 마음대로 닫을 수도 있다.

낙타는 장기간 물을 먹지 않고 지내면 체중이 25%나 줄기도 한다. 그러나 한 번에 100리터나 물을 마시고 나면 체중은 곧 되살아난다. 낙타는 등의 혹이 하나인 단봉낙타와 2개인 쌍봉낙타 두 종류가 있다. 이 혹에는 저장된 지방질이 있으며, 이 지방질이 분해되면 물이 생겨난다.

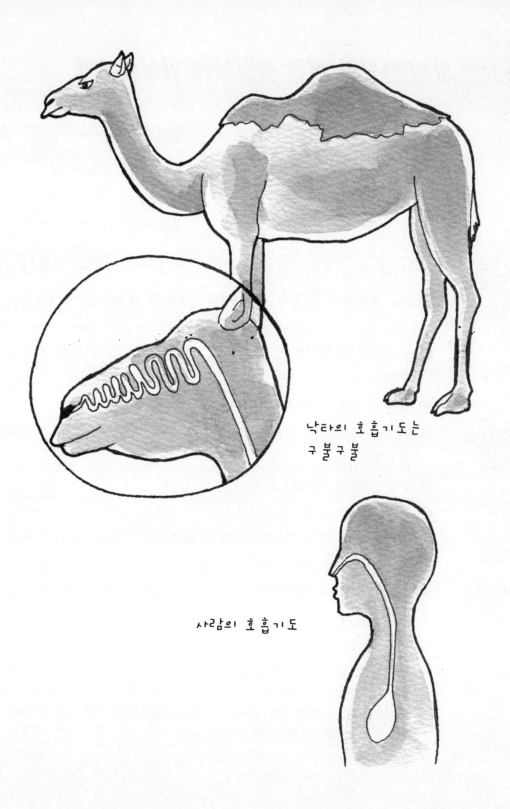

낙타의 호흡기도는
구불구불

사람의 호흡기도

실험
68 닭의 단단한 뼈를 물렁하게 만들어보자

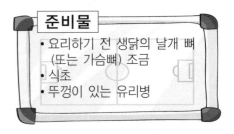

준비물
- 요리하기 전 생닭의 날개 뼈 (또는 가슴뼈) 조금
- 식초
- 뚜껑이 있는 유리병

 실험목적

닭(새)의 뼈는 가벼우면서 매우 단단하다. 그러나 뼈 안에 포함된 광물질을 제거하면 물렁한 뼈가 된다. 어떻게 광물질을 제거할까?

 실험방법

❶ 부모님에게 부탁하여 요리하기 전인 생닭의 날개 뼈를 1,2개 준비한다.

❷ 뼈를 하룻밤 동안 바싹 말린다.

❸ 뼈가 얼마나 단단한지 만져본 후, 유리병 안에 넣고 뼈가 잠기도록 식초를 붓는다.

❹ 뚜껑을 닫고 일주일 동안 조용히 둔다.

❺ 뼈를 꺼내어 물로 씻는다.

❻ 손가락으로 뼈를 잡고 이리저리 벌려보고 비틀어보기도 하자.

 실험결과

뼈는 고무처럼 부드러워져 있어, 잘 휘기도 하려니와 비틀 수도 있는 물렁뼈가 된다.

 연구

새들의 뼈는 하늘을 잘 날 수 있도록 가벼우면서 단단하다. 사람의 뼈나 새의 뼈에는 칼슘을 비롯한 여러 가지 광물질이 포함되어 있다. 식초 속에 뼈를 담가두면, 뼈 속의 칼슘이 분해되어 연골처럼 잘 휘게 된다.

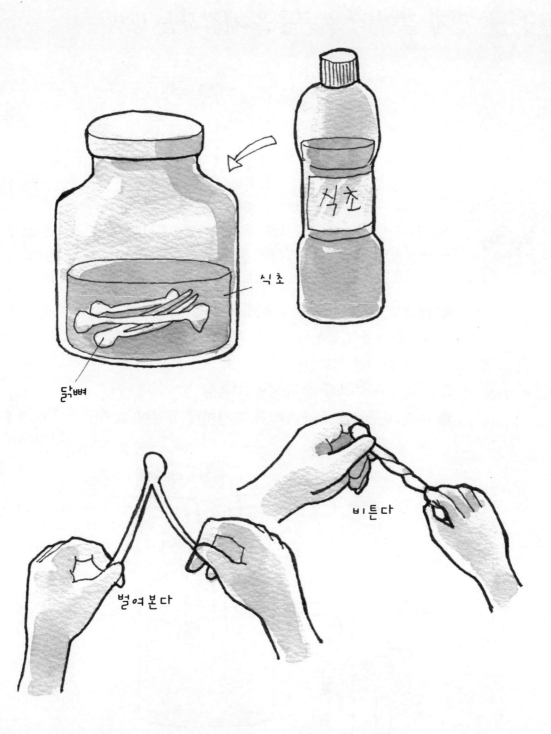

식초

닭뼈

벌여 본다

비튼다

69 먼지 같이 작은 곤충을 채집하는 방법

> **준비물**
> • 커피 병, 큰 못과 망치
> • 플라스틱 튜브(직경 5밀리미터)
> 50센티미터 (25센티미터 2토막)
> • 거스(천) 조각, 공작용 찰흙

실험목적

잠자리나 나비는 포충망으로 포획하지만, 진딧물 같은 곤충은 너무 작아 손으로 잡을 수 없다 이런 곤충은 입 바람의 힘으로 채집한다.

실험방법

❶ 양철로 된 커피 병의 뚜껑에 못과 망치로 직경 5밀리미터의 구멍을 두 개 나란히 뚫는다. (구멍의 크기는 준비한 플라스틱 튜브가 꼭 끼는 크기로 한다.)

❷ 플라스틱 튜브를 각 구멍에 끼운다.

❸ 뚜껑의 구멍과 플라스틱 튜브 사이에 공간이 없도록 공작용 찰흙으로 주변을 감싼다.

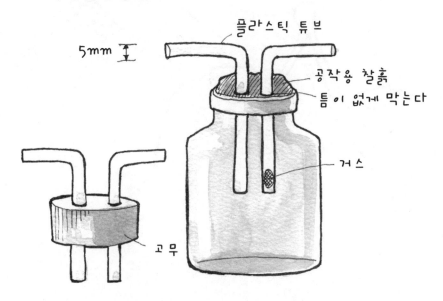

❹ 입으로 빨아 당기는 튜브 끝에 작은 거스(천) 조각을 끼운다.

❺ 그림과 같이 곤충 가까이 튜브 끝을 가져간 후, 입으로 공기를 훅! 빨아들인다.

훅! 빨아 당긴 기류를 따라 곤충은 튜브 안으로 빨려 들어 병 안에 떨어진다. 흡입하는 호스 끝에 천 조각을 끼워야 자칫 벌레나 먼지가 입으로 빨려 드는 것을 막을 수 있다.

연구

작은 곤충은 손으로 잡기도 어렵고, 연약하여 핀셋으로 집을 수도 없다. 그러나 흡입 포충기(푸터 pooter)를 만들어 사용하면 아주 작은 곤충을 안전하게 채집하여, 관찰하거나 사육하거나 표본을 만들 수 있다.

고무로 된 대형 병뚜껑이 있으면, 드릴로 2개의 구멍을 뚫어 튜브를 끼우면 편리하다. 포충기의 튜브 길이는 흡입 작업이 편리하게 조정한다.

70 개미의 길에 특별한 냄새가 있음을 증명해보자

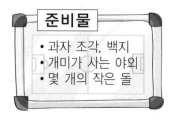

준비물

- 과자 조각, 백지
- 개미가 사는 야외
- 몇 개의 작은 돌

실험목적

개미는 먹이를 찾아 줄을 지어 다닌다. 개미들은 화학물질을 따라간다는 것을 실험으로 확인해보자.

실험방법

❶ 개미가 사는 곳 근처에 커다란 백지를 펴놓고 날려가지 않도록 네 귀퉁이에 돌을 얹어둔다.

❷ 종이 한쪽 가장자리에 과자 조각을 놓아둔다.

❸ 개미들이 줄을 지어 직선거리를 다니며 과자를 물어 나르는 것을 확인한 후, 그 과자를 다른 위치로 약간 옮겨 놓아보자. 이때 종이를 옮기면 안 된다.

❹ 개미는 여전히 직선거리를 따라 이동하는가?

실험결과

개미들은 먼저 다니던 옛길을 지나 과자가 새로 놓인 곳으로 와서 다시 물고 가는 것을 볼 수 있다.

연구

개미는 먹이를 발견하면 그곳으로 가는 길에 화학물질을 남겨둔다. 다른 개미들은 안테나로 동료가 남겨둔 냄새를 추적하여 먹이를 찾아간다. 그들이 돌아가는 길에도 냄새가 뿌려져 있다.

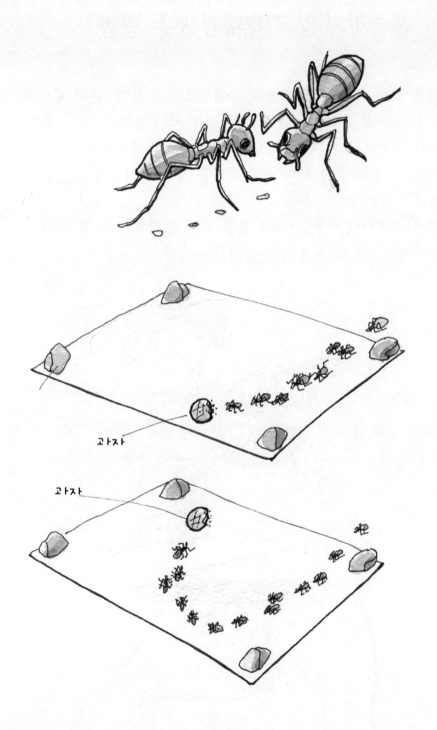

과자

과자

71 흔들리지 않고 확대경 보는 방법

작은 물체를 손에 들고 높은 배율의 확대경으로 보려면, 손이 흔들려 잘 보기 어렵다. 이럴 때 손이 잘 흔들리지 않게 하는 손 자세가 있다.

왼손 엄지와 검지로 관찰 대상을 집었으면, 오른손 엄지와 검지로 확대경을 들고 물체를 보면서 두 손의 중지 끝이 서로 맞닿은 상태로 가볍게 미는 기분으로 관찰하면 거의 흔들리지 않는다.

다른 사람의 손바닥에 박힌 가시를 찾을 때는 확대경을 쥔 손의 새끼손가락을 상대 손에 지팡이처럼 세우고 보면 잘 흔들리지 않는다.

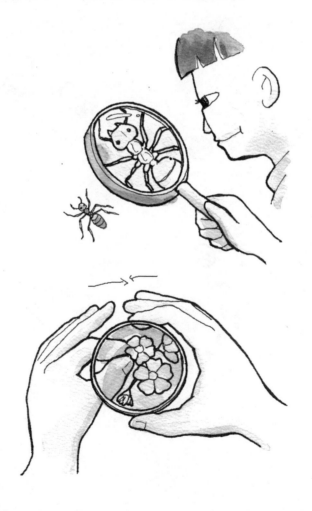

제6장
식물의 생장과 성질

72 소금물에 감자를 넣어두면 나긋나긋해진다

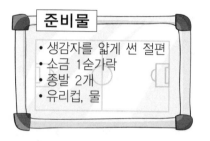

준비물

• 생감자를 얇게 썬 절편
• 소금 1숟가락
• 종발 2개
• 유리컵, 물

실험목적

감자를 소금물에 넣으면 어떤 현상이 생기는지 직접 실험으로 확인해 보자.

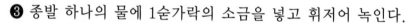

실험방법

❶ 감자 절편을 4개나 6개 준비한다.
❷ 두 종발에 컵으로 물을 각각 1컵씩 담는다.
❸ 종발 하나의 물에 1숟가락의 소금을 넣고 휘저어 녹인다.
❹ 두 종발의 물 속에 감자 절편을 나누어 넣는다.
❺ 15분 후 두 종발에 든 감자 절편을 손으로 만져보며 감촉이 어떤 지 확인해보자.

실험결과

맹물 속에 넣어둔 감자 절편은 딱딱하고, 소금물 속의 절편은 나긋나 긋하여 잘 구부러진다.

연구

맹물 속에 담가둔 감자는 세포막을 통해 물이 세포 안으로 들어가 팽팽해진다. 반면에 소금물 속에 넣어둔 감자의 세포 속에서는 물이 빠져나와, 바람 빠진 고무풍선처럼 나긋나긋해진다. 배추를 소금에 절였을 때 시들시들해지는 것도 같은 이유이다.

물이 세포막을 통해 세포 속으로 들어가는 현상을 삼투라고 말한다. 생물은 세포 속에서 수분이 너무 많이 빠져나가면 살지 못한다. 진한 소금물에서 세균이 번식하지 못하는 것은 이처럼 세포 안의 물이 빠져나가기 때문이다. (실험73 참고)

감자절편

소금

소금물

맹물

부드럽다

단단하다

실험

73 시든 배추 잎을 싱싱하게 만들어보자

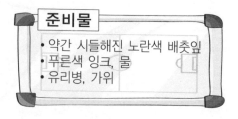

준비물
- 약간 시들해진 노란색 배춧잎
- 푸른색 잉크, 물
- 유리병, 가위

실험 목적

햇빛이 강하면 식물의 잎은 시들해진다. 싱싱한 야채도 건조한 상태로 두면 시들어간다. 잎이 시들거나 팽팽해지는 이유를 알아보자.

실험 방법

❶ 유리병에 물을 담고 푸른색 잉크를 5방울 정도 넣어 진한 푸른색 물로 만든다.

❷ 시들해진 노란색 배춧잎의 아래쪽을 가위로 5센티미터쯤 잘라버리고, 얼른 푸른색 물에 담근다.

❸ 24시간을 지낸 뒤, 배춧잎이 어떻게 변했는지 확인한다.

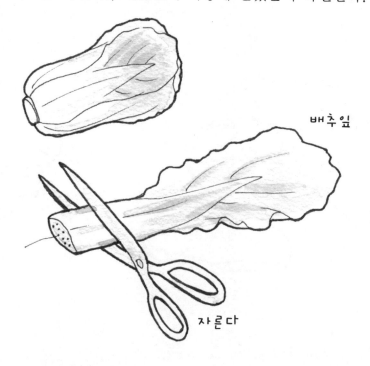

배춧잎

자른다

시들해 있던 배춧잎은 빳빳하게 생기를 찾았으며, 희고 노랗던 잎은 푸른색으로 변해 있다.

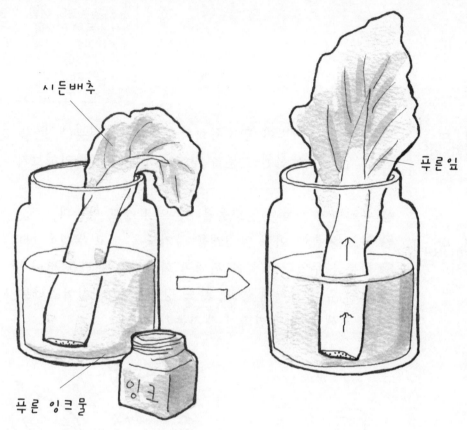

시든배추

푸른잎

푸른 잉크물

잉크

연구

배추의 하얀 줄기 속에는 수많은 물관이 다발을 지어 잎 끝까지 뻗어 있다. 가느다란 물관은 뿌리에서 빨라 올린 수분과 영양분을 모든 세포에 전달하는 통로이다. 노란 배춧잎이 파랗게 변한 것은 물관을 따라 잉크물이 올라간 때문이다.

세포 속에 가득한 수분은 햇볕이 강하거나 건조하면 수분이 빠져나가, 바람 빠진 풍선처럼 시들해진다. 그러나 물이 공급되면 다시 팽팽한 상태로 된다. 식물의 세포가 수분을 머금은 정도를 팽압이라 부른다. 팽압이 높으면 배추의 잎은 빳빳하고, 팽압이 낮으면 시든다.

실험 74 잎에서 만들어진 전분(녹말)을 찾아내보자

준비물
- 연두색의 어린 잎 3개
- 소독용 알코올 (약국에서 산다)
- 커피를 담았던 유리병
- 요드 팅크 (약국에서 산다)
- 화장지, 접시

실험목적 잎은 태양빛을 받아 탄소동화작용을 하여 전분(녹발)을 만드는 일을 한다. 잎에서 생산된 전분을 찾아내어 눈으로 확인해보자.

실험방법
❶ 유리병에 소독용 알코올을 3분의 1 정도 담는다.
❷ 알코올 속에 어린 잎 3개를 잠기도록 넣고 뚜껑을 한다.
❸ 하루쯤 두었다가 잎을 꺼내어 화장지로 표면을 닦아 말린다.
❹ 말린 잎을 접시에 놓고, 요드 팅크를 잎에 떨어뜨려보자.
❺ 잎의 색에 어떤 변화가 생기는가?

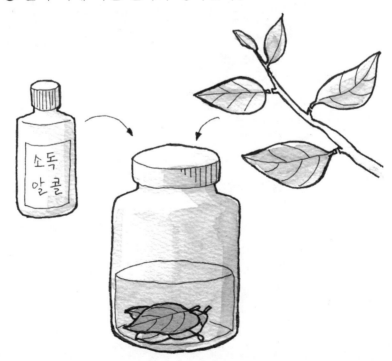

연두색 잎을 알코올에 넣어두면, 세포 속의 초록빛 엽록소가 녹아 나와 잎은 하얗게 된다. 퇴색한 잎에 요드 팅크를 바르면 잎에 있던 전분은 검은색으로 변한다.

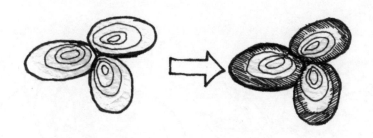

연구

잎의 엽록소는 물과 탄산가스 그리고 태양빛을 이용하여 전분을 만든다. 잎에서 일어나는 이런 화학반응을 탄소동화작용이라 한다. 전분을 현미경으로 보면, 감자 모양으로 동글동글한 입자이다. 전분은 물에 녹지 않는다. 그러나 전분에 효소가 작용하면 물에 녹는 당분(포도당 등)으로 변한다.

전분 입자는 요드를 만나면 검은색을 나타낸다. 이 실험에 연두색 어린잎을 사용한 것은, 녹색이 진한 잎은 엽록소를 녹여내도 녹색이 남아 검은색을 확인하기 어렵기 때문이다. 전분에 요드가 묻으면 검게 변하는 이유는 아직 모르고 있다.

실험
75 잎의 숨구멍은 윗면과 아랫면 어디에 많은가?

준비물
· 잎이 무성한 꽃 화분
· 바셀린(와셀린이라고도 부름)

실험목적
잎에는 숨구멍(기공)이 있다. 잎의 위, 아랫면 중 어느 쪽에 숨구멍이 많을까? 숨구멍은 어떤 역할을 하나?

실험방법
❶ 화분에 심긴 꽃나무의 잎 중에서 8개나 10개를 선택한다.
❷ 그 중 4개의 잎은 표면에 바셀린을 바른다.
❸ 나머지 4개의 잎은 뒷면에 바셀린을 바른다.
❹ 일주일쯤 그대로 두었을 때, 각 잎에는 어떤 변화가 생기는가?

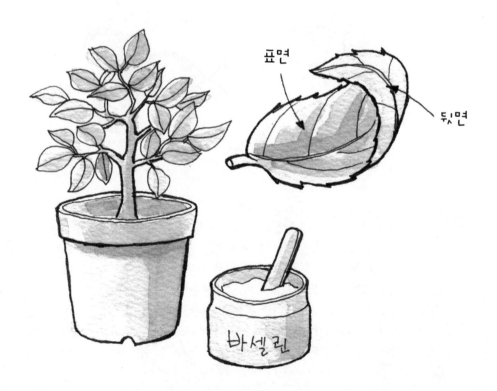

표면

뒷면

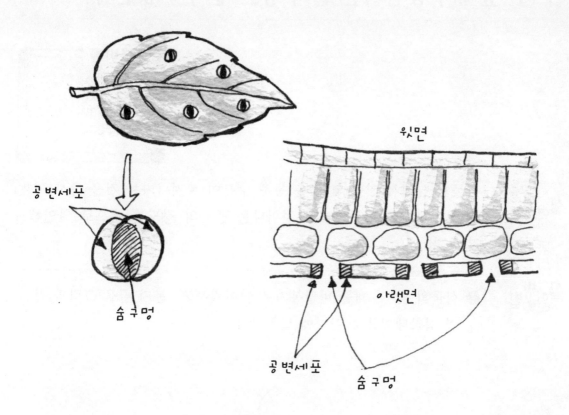

공변세포

숨구멍

윗면

공변세포

숨구멍

아랫면

실험결과

잎의 윗면에 바셀린을 바른 것은 그대로 살아있으나, 뒷면에 바른 잎들은 모두 죽는다.

연구

잎의 숨구멍은 산소와 탄산가스가 드나들고, 수분이 빠져나가는 통로이다. 잎에는 윗면보다 뒷면에 절대적으로 많은 숨구멍이 있다. 바셀린으로 잎의 뒷면 숨구멍을 완전히 막아버리면, 공기 중에서 탄산가스가 들어가지 못하고 내부에서 산소가 나가지 못해 잎은 살지 못한다.

잎의 숨구멍을 둘러싸고 있는 세포를 공변세포라고 하며, 공변세포는 환경에 따라 구멍의 크기를 조절한다.

76 잎에서 증산되는 물의 양은 얼마나 많은가?

준비물
- 화분에 심은 나무
- 투명 비닐봉지
- 접착테이프
- 태양빛

실험목적

식물의 잎에서 기공(氣孔)을 통해 수분이 빠져나가는 것을 증산(蒸散)이라 한다. 식물의 잎에서 일어나는 증산의 정도를 눈으로 확인해보자.

실험방법

❶ 식물의 잎 몇 개를 비닐봉지로 덮어씌우고, 봉지 끝을 그림과 같이 접착테이프로 가지에 밀봉한다.

스카치 테이프로 맨다

❷ 이 화분을 태양이 비치는 곳에 2,3시간 둔다.

❸ 비닐봉지 안을 관찰해보자.

실험결과

비닐봉지 안벽은 내부가 보이지 않을 정도로 뿌옇게 습기가 가득하며, 봉지 안에는 물방울이 모여 있는 것을 볼 수 있다.

연구

식물은 뿌리로부터 빨아들인 물을 줄기를 거쳐 잎으로 보낸다. 잎에서 사용하고 남은 물은 기공(숨구멍, 실험75 참고)을 통해 공중으로 나간다. 실제로 식물은 뿌리에서 빨아올린 물의 약 90퍼센트를 기공으로 내보내고 있다. 어떤 큰 나무는 하루에 어른 100명 무게의 물을 공기 중으로 날려 보내고 있다. 큰 정자나무 아래가 시원한 이유도 이러한 증산작용의 결과이다.

^{실험} 77 식물은 닫힌 유리병 안에서도 오래 사는가?

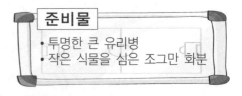

실험목적

동물은 영양과 산소를 식물에 의존하여 살고 있다. 만일 화분에 심은 식물을 유리병 안에 넣어 둔다면 얼마나 오래 살 수 있을까?

실험방법

❶ 꽃집에서 파는 조그만 화분에 충분히 물을 준다.

❷ 그 화분을 커다란 병 안에 넣고, 뚜껑을 단단히 덮는다.

❸ 이 유리병을 햇볕이 드는 곳에 1달가량 놓아두고 키운다.

❹ 화분의 식물은 병 안에서 얼마나 오래 살 수 있을까?

뚜껑

실험결과

화분에 담긴 흙에서 증발한 물이 물방울로 되어 화분에 떨어지기도 하지만, 병 안의 습도가 워낙 높아 식물은 1달이 지나도 생장을 계속한다.

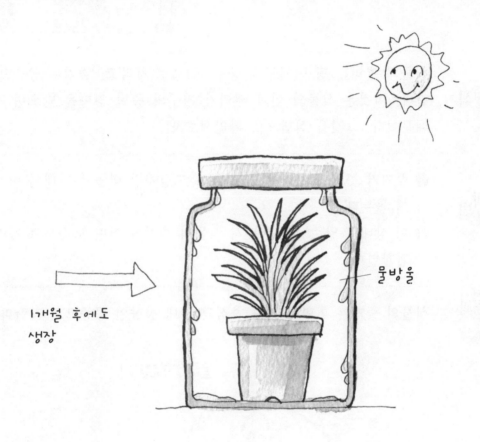

물방울

1개월 후에도
생장

연구

유리병 안은 마치 우주선처럼 외부로부터 영양도 공기도 더 이상 공급받지 못하는 폐쇄된 환경이다. 이 속에서 식물은 낮에는 산소를 만들고, 밤이 오면 탄산가스를 생산하기도 한다. 식물이 태양빛을 이용하여 영양분과 산소를 만드는 것은 탄소동화작용이라 하고, 반대로 탄산가스를 만드는 과정은 호흡작용이라 한다.

화분 속의 식물은 내부의 온도가 너무 덥거나 춥지 않은 조건이라면, 화분의 흙에 포함된 영양이 모두 없어질 때까지 물과 공기를 더 이상 공급해주지 않아도 생존한다.

78 식물의 줄기는 왜 위쪽으로 자라나?

준비물
- 어린 나무를 심은 화분 1개
- 벽돌 1개

실험목적

식물의 뿌리는 땅속(지구의 중심 쪽)으로 자라고, 줄기는 공중으로 자란다. 이것은 식물의 잎과 뿌리가 지구의 중력 영향을 받으며 자라기 때문이다. 그것을 실험으로 확인해보자.

실험방법

❶ 줄기가 꼿꼿이 자라는 꽃 화분을 그림처럼 벽돌에 기대어 비스듬하게 놓는다.
❷ 이 상태로 일주일간 두면서 식물의 줄기가 어떤 모습으로 자라는지 관찰한다.

실험결과

식물의 줄기는 휘면서 지구 중심과 반대 방향인 공중으로 자란다.

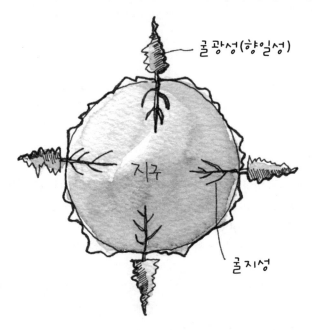

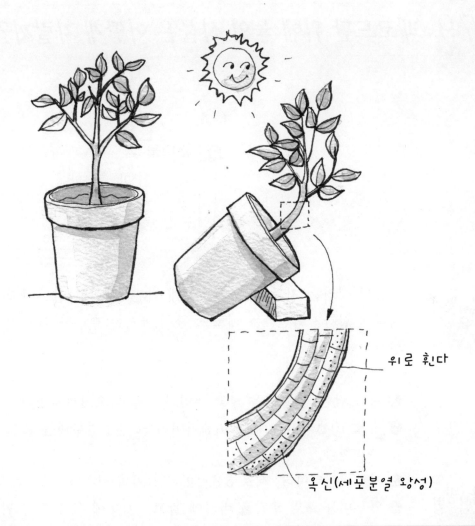

위로 휜다

옥신(세포분열 왕성)

식물의 줄기는 지구의 중심과 반대 방향 (중력과 반대 방향)으로 자란다. 반면에 뿌리는 지구의 중심 쪽(중력 방향)으로 자란다.

식물의 줄기가 실험에서처럼 생장 방향을 바꿀 수 있는 것은, '옥신'이라 부르는 식물 생장 호르몬의 영향 때문이다. 아래 그림과 같이 줄기가 기울어지면 줄기의 아래 부분에 많은 옥신이 모여든다. 이것은 중력이 옥신을 아래로 끌어당긴 결과이다.

옥신이 많은 곳은 다른 데보다 세포들이 더 빨리 분열하고 자란다. 그 결과 줄기는 위쪽으로 휘게 된다.

식물의 줄기와 잎이 빛을 향해 자라는 성질을 '굴광성(屈光性)' 또는 '향일성(向日性)'이라 말한다. 식물의 뿌리가 지하로 자라는 성질은 '굴지성(屈地性)'이라 한다.

79 레코드판 위에 놓인 식물은 어떻게 자랄까?

준비물
- 레코드플레이어(턴테이블)
- 콩 15알 (배추나 무씨도 좋음), 물 컵
- 알루미늄 포일, 키친타월(또는 종이 물수건)
- 가위, 접착테이프

 실험목적

식물의 뿌리는 지구의 중심을 향해 자란다. 어떤 힘이 뿌리를 아래로 자라게 할까? 회전하는 레코드 판 위에서는 뿌리가 어떤 방향으로 자랄까?

 실험방법

❶ 물을 담은 컵에 콩을 넣고 뿌리가 조금 나오기까지 2,3일 기다린다.

❷ 가로 10센티미터, 세로 6센티미터 크기의 알루미늄 포일 3매를 준비한다.

❸ 가로 8센티미터, 세로 5센티미터 크기의 키친타월을 3매 준비한다.

❹ 알루미늄 포일 조각을 바닥에 깔고, 그 위에 물을 적신 키친타월 조각을 놓는다.

❺ 젖은 키친타월 중앙에 뿌리가 나온 콩을 각 3개씩 놓고, 2일 동안 실내에 조용히 둔다. 아침저녁 스프레이로 물을 뿌려준다.

❻ 이틀 후 이들을 그림과 같이 레코드판(턴테이블) 위에 올려놓고 1분에 75회전하도록 조절하여 판을 연속하여 돌린다.

❼ 5~7일 동안 턴테이블을 돌려보면, 뿌리는 어떤 모습으로 뻗어갈까?

 실험결과

턴테이블 위에서 자라는 콩의 뿌리는 모두 바깥 방향으로 자란다.

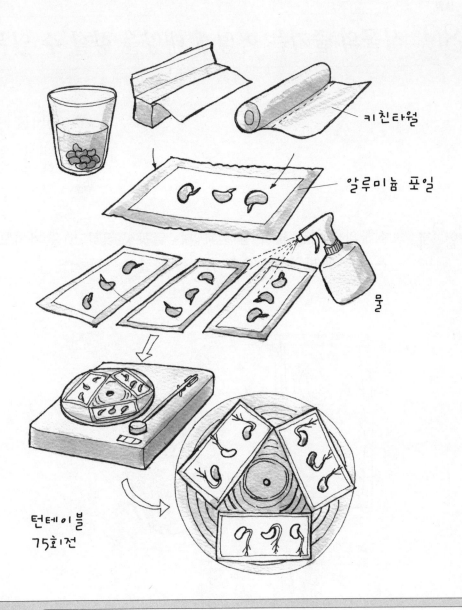

키친타월

알루미늄 포일

물

턴테이블
75회전

연구

식물의 뿌리는 중력 쪽으로 자란다. 턴테이블이 회전할 때 생기는 원심력이 중력처럼 작용하기 때문에 뿌리는 모두 바깥쪽으로 생장하는 것이다. 만일 새잎까지 자라 나왔다면 그 잎은 턴테이블의 회전 중심을 향해 수평으로 자랄 것이다.

우주왕복선 속에서 키우는 식물의 뿌리는 일정한 방향 없이 자란다. 그러나 미래에 많은 사람이 살 수 있는 우주도시를 건설하면, 그 우주선은 턴테이블처럼 회전하여 인공 중력이 생기도록 할 것이다. 그러면 사람도 지상에서처럼 바닥을 딛고 서서 살고, 식물도 원심력 방향으로 뿌리를 뻗으며 자랄 것이다.

실험 80 식물의 줄기는 어떻게 태양을 향할 수 있는가?

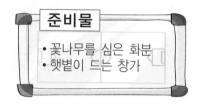

준비물

- 꽃나무를 심은 화분
- 햇볕이 드는 창가

실험목적 식물의 줄기는 빛을 향해 자라는 굴광성(실험78)을 가지고 있다. 식물은 어떻게 빛의 방향으로 고개를 돌릴 수 있을까?

실험방법

❶ 화분을 햇볕이 드는 창문 옆에 그림과 같이 3일간 둔다.

❷ 그 화분을 180도 돌려놓고 3일간 관찰한다. 화초의 줄기는 어떤 변화를 하는가?

실험결과

창가에 둔 화초는 햇빛이 잘 보이는 쪽으로 줄기가 기울어 자란다. 이런 화분을 정반대로 돌려놓으면, 화초는 다시 180도 방향을 틀어 햇빛 쪽으로 자라기 시작한다.

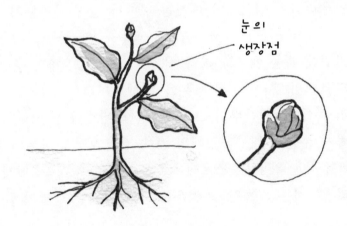

눈의
생장점

연구

식물은 빛이 있어야만 탄소동화작용을 할 수 있다. 그러므로 식물의 잎과 줄기는 햇빛을 향해 자라야만 한다. 식물이 햇빛 방향으로 자세를 바꿀 수 있는 것은 식물 호르몬인 '옥신'(실험78 참고)의 영향이다.

옥신은 식물의 세포가 왕성하게 분열하게 자극하는 호르몬이다. 이 실험의 경우, 옥신은 햇빛과 반대되는 쪽 줄기에 더 많이 모여들어 그곳의 세포가 더 자주 분열하도록 한다. 식물은 동물과 달리 매우 단순한 방법으로 햇빛을 향하는 굴광성을 발휘할 수 있다. 식물의 옥신은 줄기 끝에 있는 생장점(위의 왼쪽 그림)에서 만들어져 필요한 곳으로 이동한다.

#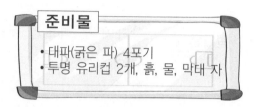
81 그늘진 쪽의 식물은 왜 길게 자라나?

실험

준비물

• 대파(굵은 파) 4포기
• 투명 유리컵 2개, 흙, 물, 막대 자

실험목적

그늘에 자라는 식물은 줄기가 길게 자라는 것을 볼 수 있다. 대파를 커다란 유리컵에 심어 그늘에서는 얼마나 길게 자라는지 실험해보자.

실험방법

❶ 유리컵에 흙을 채우고 파를 심을 수 있도록 2개의 구멍을 판다.
❷ 대파 4개의 뿌리 쪽 흰 부분을 15센티미터만 남기고 자른다.
❸ 뿌리 쪽에 자란 잔뿌리도 가위로 잘라버린다.
❹ 이렇게 손질한 대파를 2개의 컵에 각기 2개식 나누어 심는다.
❺ 대파를 심은 유리컵에 스프레이로 물을 뿌려 흙이 축축하게 젖도록 한다.
❻ 유리컵 1개는 그늘진 곳에 두고, 다른 1개는 햇빛이 잘 드는 곳에 둔다.
❼ 흙이 마르면 스프레이로 수분을 공급하면서 1~2주일간 키운다.
   어느 쪽의 파가 더 길게 자랐는지 2일마다 자로 길이를 재어 비교해보자.

실험결과

대파의 윗부분을 잘라버리고 뿌리 쪽을 흙에 심으면 줄기 중간에서 새 잎이 길게 자라나온다. 햇빛이 잘 드는 곳에 둔 것은 진한 녹색의 새 잎이 자라나오고, 그늘에 둔 파에서는 노랗고 연약한 잎이 훨씬 길게 자란다.

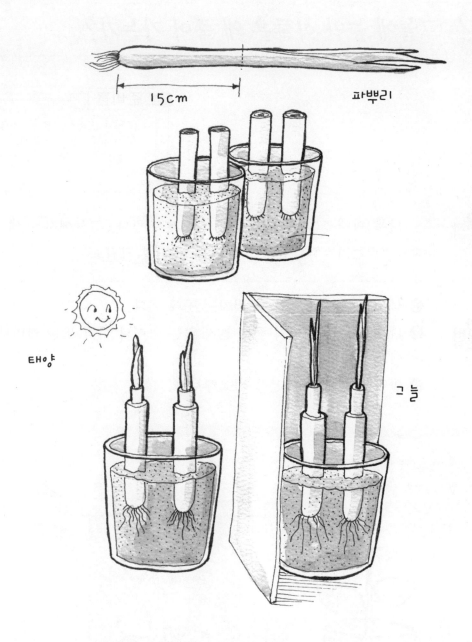

15cm

파뿌리

태양

그늘

연구

식물이 생장하는 데는 물, 영양, 공기, 태양빛이 필요하다. 빛이 부족하면 식물은 빛이 강한 쪽으로 빨리 자라려 한다. 큰 나무를 보면 제일 아래쪽 가지가 가장 길게 옆으로 자라 있다. 또 짙은 숲에서 자라는 나무들은 줄기는 가늘고 키는 높이 자란다. 이것은 모두 햇빛을 더 잘 받기 위한 생존 방법이다.

실험 82 그늘에 놓인 식물은 왜 죽어 가는가?

준비물
- 형체가 비슷한 정도로 자란 꽃을 심은 화분 2개
- 햇빛이 드는 장소와 캄캄한 곳

 실험목적
큰 나무 아래 그늘에는 식물이 자라기 어렵다. 그늘에서는 왜 식물이 죽어버리는가? 캄캄한 곳에서 식물을 직접 키워보자.

 실험방법
❶ 화분 하나는 태양이 잘 비치는 곳에 둔다.
❷ 다른 화분은 햇빛이 전혀 들지 않는 광이나 다락 또는 캐비닛 안에 놓는다.
❸ 일주일 후에 두 화분을 비교해보자.

햇빛을 잘 받은 화초는 정상으로 자란다. 그러나 어둠 속에 둔 화초는 잎의 녹색은 흰색으로 퇴색하고 줄기는 축 늘어져 죽어가고 있다.

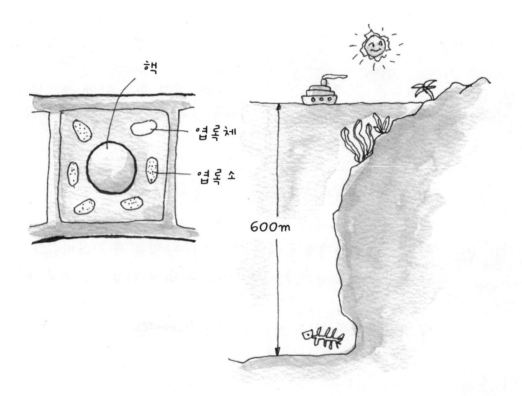

핵
엽록체
엽록소
600m

연구

식물의 잎 세포 속을 현미경으로 보면 엽록체라고 부르는 알맹이들이 여러 개 보인다. 이 엽록체가 초록색인 것은 그 안에 엽록소라고 부르는 색소가 있기 때문이다. 이 색소 덕분에 식물의 잎에서는 광합성이 일어나 영양분을 만들 수 있다.

햇빛이 없으면 엽록소를 구성하는 분자들이 모두 부서져 녹색을 잃을 뿐만 아니라 식물은 영양분을 생산하지 못해 끝내 굶주려 죽고 만다.

해저 600미터 이상 깊은 곳으로 내려가면 햇빛이 미치지 못해 캄캄한 암흑세계가 된다. 그러므로 이런 곳에는 바다 식물(해조류)이 살지 못한다.

실험

83 모래 속에 당근의 뿌리를 길러보자

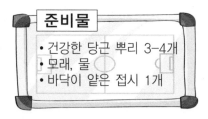

준비물

• 건강한 당근 뿌리 3-4개
• 모래, 물
• 바닥이 얕은 접시 1개

실험 목적

사람들은 물 컵에 고구마, 양파 무, 감자 등을 담아 창가에서 키우고 있다. 카로틴이 많아 자주 식탁에 오르는 채소인 당근 뿌리를 모래 속에서 길러보자.

실험 방법

❶ 접시에 모래를 2센티미터 정도 높이로 깐다.
❷ 물을 부어 모래가 충분히 젖게 한다.
❸ 당근 뿌리 3개를 골라 뿌리에서 나온 잎은 싹 잘라버린다.
❹ 뿌리 위쪽을 길이 7~8센티미터 되게 잘라 젖은 모래 속에 파묻는다.
❺ 접시를 빛이 잘 드는 곳에 7일간 둔다. 당근 뿌리에 어떤 변화가 생기는가?

실험 결과

뿌리 꼭대기에서 파란 새싹이 자라나온다.

연구

당근이나 무의 뿌리는 광합성 작용으로 만든 영양분을 저장하는 기관이다. 뿌리의 꼭대기에는 잎과 줄기가 자라나오는 생장점이 있다. 뿌리 부분을 물이나 수분이 충분한 모래 속에 묻어두면, 생장점에서 잎이 새로 자라나온다.
당근이나 무, 배추, 잔디, 강아지풀 등은 잎이 될 생장점이 뿌리 윗부분에 파묻혀 있다. 무나 고구마 뿌리도 같은 방법으로 모래 위에 길러보자.

모래

물

새 눈의
성장점

실험 84 콩이 싹틀 때 온도는 얼마나 중요한가?

실험목적

씨앗은 작지만 그 속에 큰 식물로 자랄 준비를 갖추고 있다. 추운 겨울에는 식물들이 싹을 틔우지 않는다. 씨가 발아하는데 온도는 어떤 영향을 미칠까? 실험으로 확인해보자.

실험방법

❶ 키친타월 2개를 유리컵 안에 꼭 끼도록 둥글게 말고, 연결 부분 아래 위에 그림처럼 종이 클립을 끼운다.

❷ 이것을 유리컵 안에 바닥까지 밀어 넣는다.

❸ 유리컵의 안 벽과 키친타월 틈새에 그림과 같이 콩 4개를 돌아가며 끼운다.

❹ 키친타월이 젖도록 컵의 3분의 1 높이까지 물을 붓는다.

❺ 컵 하나는 냉장고 안에, 다른 하나는 책상 위에 두고 1주일 후에 뿌리와 줄기를 관찰해보자.

실험결과

방 안에 둔 유리컵의 콩은 싹이 나서 뿌리가 내리고, 새 줄기까지 나와 위로 자라고 있다. 그러나 냉장고 속의 콩은 변하지 않고 있다.

연구

식물의 씨앗이 발아하는 데는 물과 온도, 산소가 가장 중요한 조건이다. 만일 산과 들에 떨어진 씨앗들이 추운 겨울에 싹이 난다면 모두 얼어 죽을 것이다. 간혹 종자 중에는 가을에 땅에 떨어져 싹이 나는 것이 있다. 이런 것은 조금 싹이 튼 상태로 지하에서 겨울잠을 자고 다음해 봄에 일찍 지상으로 올라온다.

씨앗은 충분한 물이 있어야 싹튼다. 씨앗 중에는 그 껍질 속에 싹트는 것을 억제하는 물질이 포함된 경우가 많다. 수분이 충분히 있으면, 씨앗 속의 발아 억제물질이 물에 녹아버려, 그때서야 씨앗은 움틀 수 있게 된다.

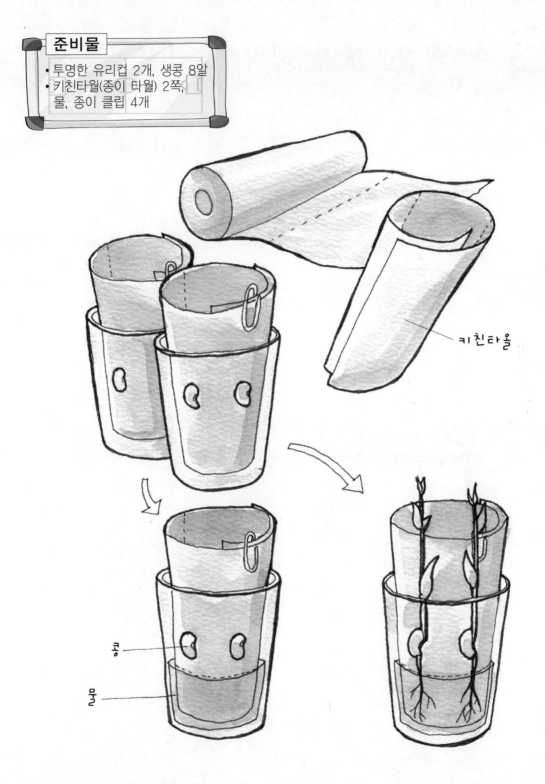

준비물
- 투명한 유리컵 2개, 생콩 8알
- 키친타월(종이 타월) 2쪽, 물, 종이 클립 4개

키친타올

콩

물

실험

85 어항의 물은 왜 서서히 녹색이 되나?

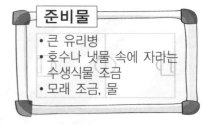

준비물
• 큰 유리병
• 호수나 냇물 속에 자라는 수생식물 조금
• 모래 조금, 물

 실험목적

어항의 물을 갈지 않고 오래 두면, 물빛이 녹색으로 변하고, 어항 안 벽도 녹색이 낀다. 그 이유를 알아보자.

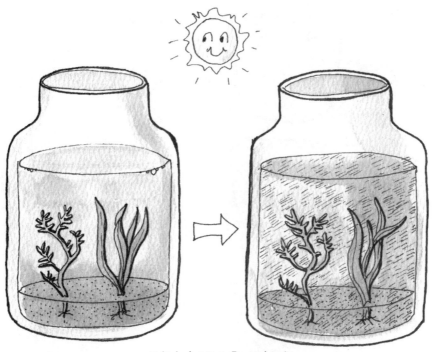

점점 녹색으로 변한다

❶ 커다란 유리병에 물을 담고, 호수나 수족관에서 구한 수초를 넣는다.

❷ 유리병을 햇빛이 드는 창가에 두고 1-2주일간 둔다.

❸ 물빛이 변하지 않았는가? 병의 안벽에 녹색이 끼지 않았는가?

유리병의 물빛은 점점 녹색으로 변해간다. 또한 병의 안쪽 벽도 녹색이 두터워진다.

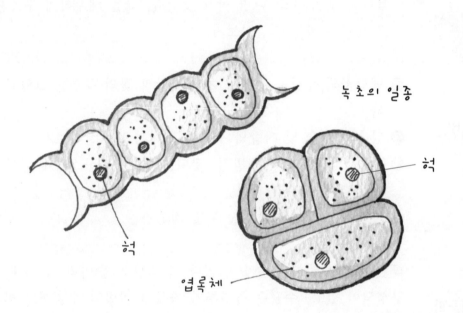

녹초의 일종

핵

핵

엽록체

연구

호수나 냇물 속에는 눈에 보이지 않는 단세포의 작은 식물('조류'라고 부름)이 다량 살고 있다. 호수나 수족관에서 구해온 수초에는 많은 조류가 붙어 있다. 조류의 종류는 수만 가지이다. 그 중에 세포 속에 엽록체를 가지고 있어 녹색을 띄는 종류를 '녹조류'라 말한다. 녹조류는 스스로 광합성을 하며, 박테리아처럼 불어나 며칠 사이에 물빛은 녹색으로 변한다. 어항 안쪽 벽이 녹색이 되는 것도 녹조류가 불어나 살기 때문이다.

여름철에 호수나 고인물의 물빛이 녹색이라면, 거기에는 많은 녹조류가 번성하고 있다. 조류 중에는 갈색인 것도 있고, 붉은색도 있다. 바다 빛이 붉어지는 적조현상은 붉은 조류(홍조류)가 많이 번성한 결과이다.

실험 86 백합꽃을 해부하여 꽃의 구조를 살펴보자

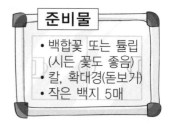

실험목적

아름다운 꽃이 지고 나면 씨가 맺힌다. 꽃을 해부하여 구조를 살피고, 씨가 생기는 과정을 알아보자.

실험방법

❶ 백합꽃의 중간을 위에서 아래로 잘라 꽃의 구조를 그림과 비교한다.

❷ 암술과 수술 및 씨방의 구조를 확대경으로 살펴보자.

❸ 수술, 암술, 꽃잎, 꽃받침, 꽃턱(화탁)을 조심스럽게 떼어 백지 위에 각각 놓고 관찰한다.

❹ 꽃잎은 몇 개인가? 수술은 몇 개인가?

실험결과

꽃잎 속에는 암술과 수술이 있다. 암술은 암술머리, 암술대, 씨방으로 구성되어 있고, 수술은 꽃가루가 가득한 꽃밥과 수술대로 이루어져 있다. 암술 아래 볼록한 부분이 씨가 생기는 씨방이다. 확대경으로 씨방을 보면 씨가 생길 부분(밑씨)을 확인할 수 있다.

연구

꽃밥 속에는 수많은 꽃가루가 들어있다. 꽃가루가 암술머리에 묻으면, 꽃가루에서 관이 길게 자라 나와 씨방 안까지 뻗어 수정하면 씨를 만들게 된다.

식물의 종류에 따라 꽃의 모양은 각양각색이다. 식물학자들은 꽃의 모양을 보고 식물의 종을 확인하는 경우가 많다. 꽃 중에서도 백합이나 튤립은 큰 꽃이어서 관찰하기 좋다. 도감이나 백과사전에 그려진 꽃의 해부 그림을 보면서, 여러 종류의 꽃을 해부하여 내부 구조가 서로 어떤 특징을 가지고 있는지 알아보자.

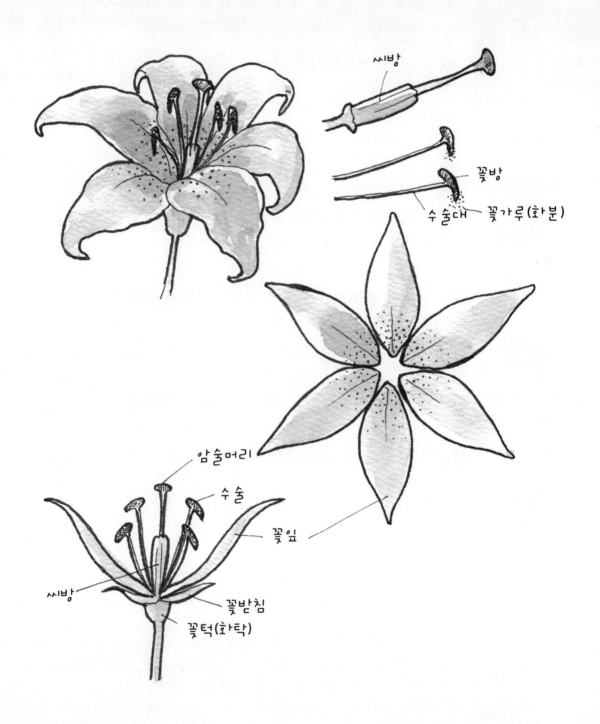

씨방

꽃밥

수술대   꽃가루(화분)

암술머리

수술

꽃잎

씨방

꽃받침

꽃턱(화탁)

87 여러 가지 꽃의 꽃가루 모양을 조사해보자

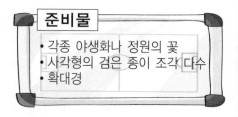

준비물
• 각종 야생화나 정원의 꽃
• 사각형의 검은 종이 조각 다수
• 확대경

실험목적

식물의 종류에 따라 꽃의 모양이 각양각색인 것과 마찬가지로, 꽃에 따라 꽃가루 형태도 각기 다르다.

실험방법

❶ 산과 들에서 발견되는 꽃의 꽃밥(꽃가루)을 떼어 검은 종이에 놓는다.(흰 종이에 놓으면 꽃가루가 잘 보이지 않는다.)

❷ 여러 가지 꽃가루를 각기 다른 검은 종이에 놓고, 확대경으로 관찰한다.

❸ 현미경을 사용할 수 있으면 50배 정도의 배율로 꽃가루 모양을 관찰한다.

❹ 꽃에서 꿀을 찾는 벌과 나비의 다리에 묻은 꽃가루를 관찰해보자.

실험결과

꽃가루의 색이나 모양은 식물 종류에 따라 아주 다르다.

연구

꽃가루는 잘 변하지 않기 때문에 수천 년 전의 꽃가루가 화석으로도 발견된다. 과학자들은 남북극 빙하 속이나 오래 된 지층에서 발견되는 꽃가루를 조사하여 과거에 살았던 식물을 짐작하기도 한다. 범인의 신발에 묻은 꽃가루를 찾아내어 그것이 증거가 되어 범죄 사실을 증명한 예도 있다. 꽃가루의 형태는 식물 종류에 따라 다르기 때문에 꽃가루 모양에 따라 식물의 종류를 분류하기도 한다.

꽃가루

여러가지 꽃가루 모양

실험 88 식물의 씨앗 모양과 발아 과정을 관찰해보자

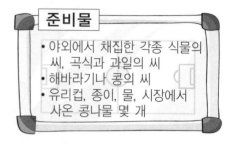

준비물
- 야외에서 채집한 각종 식물의 씨, 곡식과 과일의 씨
- 해바라기나 콩의 씨
- 유리컵, 종이, 물, 시장에서 사온 콩나물 몇 개

실험목적

곡식은 모두 그 식물의 씨이다. 식물의 종류에 따라 씨는 어떤 형태이며, 씨는 어떤 모양으로 싹이 틀까?

실험방법

❶ 시장의 곡물가게에서 파는 콩, 팥, 옥수수, 깨, 메밀 등 각종 곡식을 조사해 보자. 그들의 모양만 보면 어떤 곡식인지 알 수 있도록 해보자.

❷ 감, 호박, 해바라기, 사과, 배, 복숭아, 포도, 호두, 잣 등의 모양을 살펴보자.

❸ 들에서 피는 꽃들의 씨도 채집하여 그 모양을 비교하고, 식물의 이름을 알아보자.

❹ 그림과 같이 유리컵에 종이를 씌우고 구멍을 뚫어 콩나물을 키워보자.

❺ 콩의 떡잎 사이에서 새 눈이 자라나올 때까지 관찰해보자.

실험결과

식물의 종이 다르면 그 씨앗의 모양도 각기 다른 특징을 가지고 있다. 일반적으로 씨는 외부를 둘러싼 씨껍질(종피), 싹이 날 때 떡잎이 되는 배유(배젖), 그리고 싹이 되는 눈(배) 부분으로 구성되어 있다.
콩나물은 새싹이 나오기 전에 요리를 한다. 유리컵에 세워두면 2,3일 사이에 새싹이 나온다.

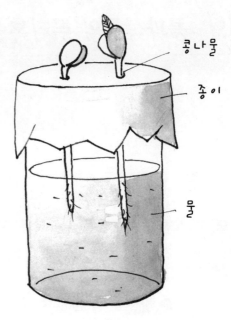

콩나물

종이

물

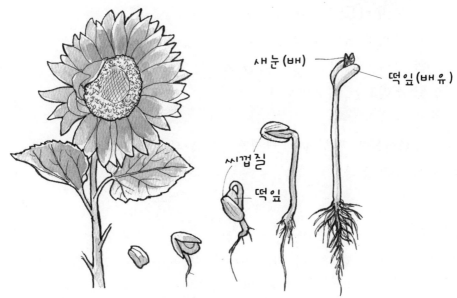

새눈(배)

떡잎(배유)

씨껍질

떡잎

연구

식물은 종류에 따라 줄기나 잎, 뿌리와 같은 외형만 틀린 것이 아니라 꽃의 모양, 꽃가루의 모양, 씨의 모양도 서로 다르다. 아래 그림은 해바라기 씨가 발아하는 과정이다. 콩나물을 키우며 새싹이 나오는 변화를 살펴보자.

실험 89 콩과식물의 뿌리혹을 관찰해보자

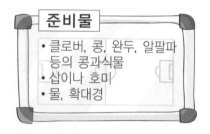

준비물
- 클로버, 콩, 완두, 알팔파 등의 콩과식물
- 삽이나 호미
- 물, 확대경

실험목적

콩과식물은 질소비료를 적게 주어도 잘 자란다. 그것은 그 뿌리에 생기는 혹 속에 질소비료를 만드는 박테리아가 공생하고 있기 때문이다.

실험방법

❶ 삽으로 클로버(또는 다른 콩과식물) 주변을 깊이 파서 상처가 적도록 뿌리를 파낸다.

❷ 뿌리를 물에 넣고 흔들어 씻는다.

❸ 뿌리에 매달린 작은 혹을 확대경으로 관찰해보자.

❹ 뿌리혹을 해부해보기도 하자.

실험결과

콩과식물의 뿌리에는 뿌리혹이라고 부르는 흰색의 작은 혹들이 여러 개 달려 있다.

연구

흙 속에는 뿌리혹박테리아라 부르는 독특한 박테리아가 살고 있다. 이들은 콩과식물의 뿌리에 붙어 뿌리혹을 만들고, 그 안에서 대량 증식한다. 그들은 질소를 변화시켜 콩이 이용할 수 있는 질소비료를 만들어 콩과식물이 잘 자랄 수 있게 한다. 콩의 뿌리는 박테리아가 살기에 적당한 환경을 제공한다. 그래서 콩과식물과 뿌리혹박테리아는 공생한다고 말한다.

콩의 뿌리에 혹이 생기는 것은 뿌리혹박테리아에서 분비된 물질이 뿌리의 세포를 자극하여 혹을 만들게 한 때문이다. 나뭇잎에 곤충이 알을 낳으면 그 자리에 '충영'이라 부르는 혹이 생기기도 한다. 혹 안에는 알에서 깨어난 애벌레가 살고 있다.

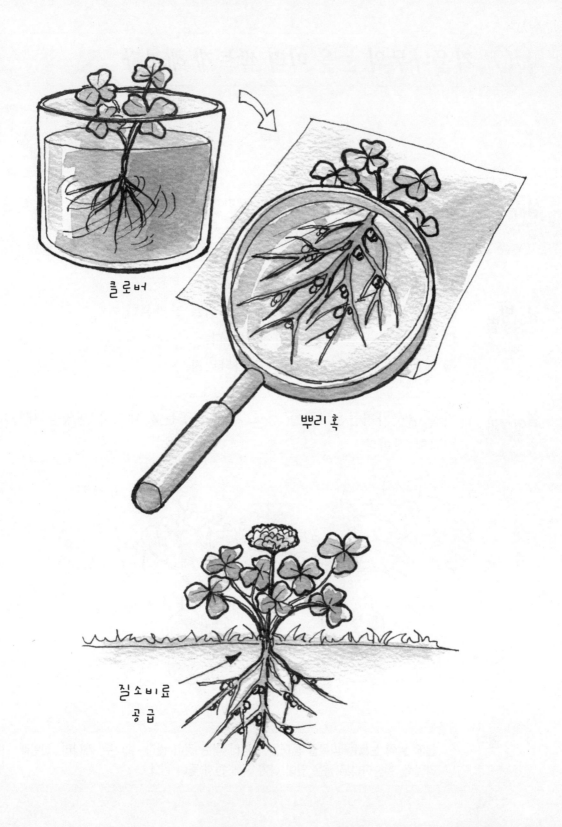

클로버

뿌리 혹

질소비료
공급

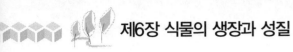

실험 90 겨울나무의 눈을 미리 싹트게 해보자

준비물

- 정원이나 야외의 겨울 나뭇가지
- 물, 유리병, 따뜻한 실내 창가

실험목적

앙상한 겨울나무의 가지를 몇 개 잘라 방안에서 미리 싹을 트게 하면, 남보다 이르게 봄을 맞이할 것이다.

실험방법

❶ 봄에 일찍 눈이 트는 나무를 선택한다.
❷ 겨울눈이 튼튼한 가지 몇 개를 가위로 잘라온다.
❸ 유리병에 물을 담고 거기에 꽂는다.
❹ 싹이 날 때까지 창가에 두고 기다리자.

실험결과

겨울 나뭇가지들은 1주일 정도 지나면 꽃눈을 내거나 새잎을 내밀기 시작할 것이다.

연구

봄에 일찍 눈트는 나무들 중에는 꽃부터 피는 것이 많다. 벚나무, 개나리, 진달래, 라일락, 복숭아나무 등은 잎이 나기 전에 먼저 꽃이 핀다.

제7장
생활 속의 과학실험

91 고무풍선 속의 냄새가 밖으로 나올 수 있을까?

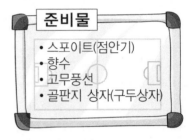

실험 목적

고무풍선에 향기 분자가 드나들 수 있는 작은 구멍이 있을까? 그것을 어떻게 알 수 있을까?

실험 방법

❶ 고무풍선 안에 스포이트를 사용하여 향수 1방울을 주변에 묻지 않 도록 넣는다.
❷ 풍선을 구두상자 안에 들어갈 정도의 크기로 분다.
❸ 주둥이를 고무 밴드로 잘 막는다.
❹ 이것을 구두상자 안에 넣고 덮개를 한다.
❺ 1시간 후에 구두상자를 열고 상자 안의 냄새를 맡아보자. 향기가 나는가?

실험 결과

상자 안은 향기로 가득하다.

연구

고무풍선에 공기를 불어넣고 입구를 단단히 매어두면 풍선의 크기가 좀처럼 줄지 않아, 풍선 막에는 아무런 틈새가 없는 것처럼 보인다. 그러나 풍선 막에도 보이지 않는 작은 구멍이 있다. 그 구멍으로 크기가 작은 향수 분자가 빠져나가 구두상자 안을 채우고 있는 것이다. 기체(향수)의 분자는 농도가 짙은 곳에서 옅은 공간으로 퍼져나간다. 이것을 확산이라 한다. 확산 현상은 풍선 안과 밖의 농도가 같을 때까지 계속된다.

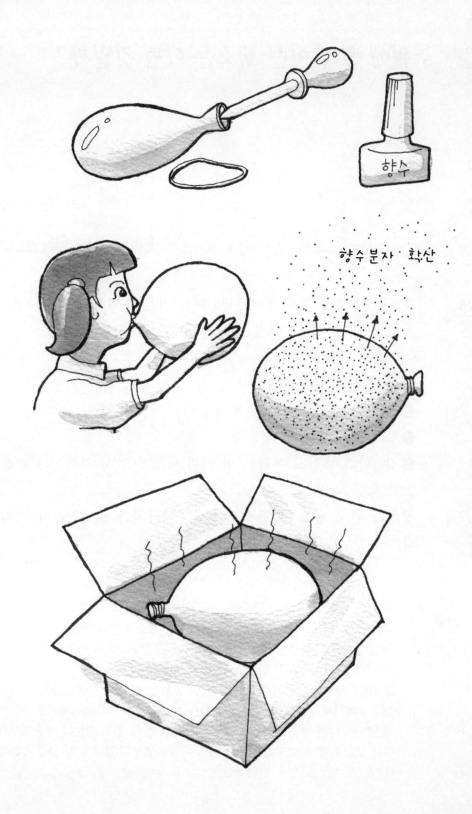

향수 분자 확산

92 추위에 빨리 어는 채소는 어떤 것일까?

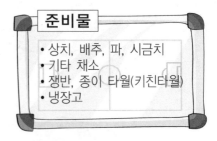

준비물
- 상치, 배추, 파, 시금치
- 기타 채소
- 쟁반, 종이 타월(키친타월)
- 냉장고

실험 목적

채소를 냉장고 안에 넣어두면 언다. 기온이 영하로 내려가면, 어떤 채소가 먼저 얼까? 그 이유는 무엇일까?

실험 방법

❶ 쟁반에 키친타월을 깐다.
❷ 준비한 채소를 타월 위에 놓는다.
❸ 그대로 냉동 칸에 넣는다.
❹ 2분마다 냉장고 문을 열어 어떤 야채가 먼저 얼어붙나 관찰한다.

실험 결과

상치가 먼저 얼고, 다음으로 배추, 시금치가 얼며, 파가 마지막에 언다.

연구

추위가 갑자기 닥치면 채소가 동해를 입는다. 채소가 먼저 어는 데는 몇 가지 이유가 있다. 상치나 배추는 잎이 넓어 빨리 온도가 내려가므로 먼저 얼고, 반면에 파는 표면적이 적어 내부까지 어는데 시간이 걸린다.

물속에 소금이나 당분이 녹아 있으면 잘 얼지 않는다. 즉 얼음이 되는 온도가 낮아진다. (《혼자서 해보는 어린이 과학실험》 실험68 참고). 시금치의 세포 속에는 염분과 당분이 다른 채소보다 많이 함유되어 있어 빨리 얼지 않는다. 기온이 낮은데도 얼지 않고 파란 식물이 있다면 그 세포 속에는 염분이 많이 녹아 있을 것이다.

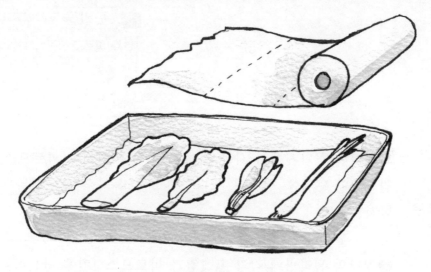

⬇ 2분마다 언 상태를 확인한다

실험 93 화분흙에는 왜 검은 이끼를 혼합하나?

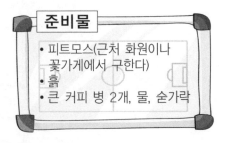

준비물

• 피트모스(근처 화원이나 꽃가게에서 구한다)
• 흙
• 큰 커피 병 2개, 물, 숟가락

실험목적

화원이나 꽃가게에서 사온 화초는 검은색 이끼류(피트모스)가 대량 섞인 흙(인조흙)에 심어져 있다. 인조흙 속의 피트모스는 어떤 역할을 할까?

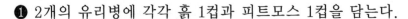

실험방법

❶ 2개의 유리병에 각각 흙 1컵과 피트모스 1컵을 담는다.
❷ 큰 숟가락으로 물을 가득 담아 1스푼씩 각 컵에 넣는다.
❸ 물을 몇 숟가락 넣으면 흙과 피트모스는 더 이상 물을 머금을 수 없는가?
   (물을 가득 머금으면, 병을 기울였을 때 나머지 물이 흘러나온다.)

실험결과

피트모스는 흙보다 훨씬 많은 물을 머금을 수 있다.

연구

피트모스는 열대지방 물가에 무성하게 번식하는 이끼류이다. 세계의 원예가들은 말린 피트모스를 화초나 농산물 재배에 널리 이용하고 있다. 건조한 피트모스는 마치 마른 스펀지처럼 물을 잘 빨아들인다. 피트모스는 조직 틈새에 많은 공간이 있기 때문에, 죽은 세포지만 물을 잘 흡수한다.
원예가들은 화초를 운반할 때 피트모스로 싸서 포장하는데, 공기가 잘 통하고 습기를 오래 보존하며, 가볍고, 충격을 잘 견디기 때문이다. 피트모스는 자기 무게보다 20배나 많은 물을 머금을 수 있다. 그러므로 피트모스에 심은 화초에는 물을 자주 주지 않아도 된다. 또한 피트모스 인조흙을 담은 화분은 가벼워 운반하기도 편하다.

피트모스

흙

물

피트모스

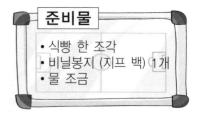

94 식빵 표면에 곰팡이를 길러보자

준비물

- 식빵 한 조각
- 비닐봉지 (지프 백) 1개
- 물 조금

 식빵을 오래 두면 곰팡이가 생긴다. 식빵에는 어떤 곰팡이가 잘 생기나? 곰팡이와 인간과는 어떤 관계가 있나?

실험방법

❶ 식빵 한 조각을 비닐봉지에 넣는다. 지프 백이면 더 편리하다.
❷ 비닐봉지 입구를 봉하기 전에 물 몇 방울을 식빵에 떨어뜨린다.
❸ 비닐봉지를 봉한 상태로 그늘진 곳에 3~5일 두었다가, 식빵 표면을 관찰해보자.

실험결과

식빵 주변에는 푸른색, 노란색, 검은색 등의 곰팡이가 자라난 것을 볼 수 있다. 어떤 것은 먼지 같은 포자까지 생겨 있다.

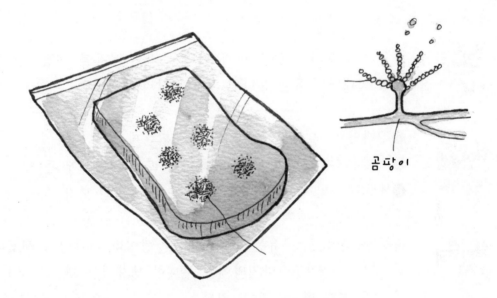

곰팡이

연구

곰팡이는 매우 빨리 불어나는 하등식물이다. 이들은 얼마큼 자라면 홀씨 또는 포자라고 부르는 먼지 같은 씨를 만든다. 곰팡이의 포자와 박테리아 등은 공기 중에 수없이 섞여 날아다닌다. 이들은 빵이나 음식 등에 떨어지면 싹이 트고 그것을 영양분으로 하여 불어나기 시작한다.

음식에 곰팡이가 자라면 나쁜 냄새가 나고, 먹을 수 없도록 변질된다. 그러나 곰팡이 중에는 술이 되게 하는 것, 된장이 되게 하는 것, 김치가 되도록 하는 것, 치즈가 되게 하는 것, 페니실린(푸르고 노란 곰팡이)이라는 항생제를 생산하는 것 등이 있다.

95 우유는 기온이 높으면 왜 더 빨리 변질하나?

준비물
- 우유 2컵
- 유리컵 2개
- 냉장고

실험 목적

우유가 변질되는 것을 막기 위해 우리는 우유를 냉장고에 보관한다. 만일 실내에 우유를 둔다면 얼마나 빨리 상할까?

실험 방법

❶ 2개의 컵에 신선한 우유를 각각 담는다.
❷ 컵 하나는 냉장고에 두고, 하나는 따뜻한 장소에 둔다.
❸ 1주일 동안 두면서 매일 우유의 냄새를 맡아보자.

실험 결과

따뜻한 곳에 둔 우유는 표면에 하얀 덩어리가 두텁게 생겼다가 차츰 신 냄새를 풍기고, 마지막에는 부패한 냄새가 난다. 그러나 냉장고에 둔 것은 거의 변하지 않고 있다.

연구

우유 표면에 하얀 덩어리가 엉기는 것은 우유에 포함된 단백질과 지방질이 한데 모인 것이다. 이것을 적절히 발효시키면 치즈가 된다.

여름에 우유가 더 빨리 상하는 것은 그 안에 박테리아(세균)가 번식한 때문이다. 기온이 낮으면 박테리아는 잘 증식하지 못한다. 그러나 냉장고 속일지라도 오래 두면 느리게나마 세균이 불어나 결국 상하게 된다. 우유가 부패하면 독성이 생기므로 마시면 배탈이 난다. 실험이 끝난 우유는 하수구에 버린다.

실험 96 페니실린을 생산하는 푸른곰팡이를 길러보자

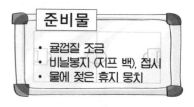

준비물
- 귤껍질 조금
- 비닐봉지 (지프 백), 접시
- 물에 젖은 휴지 뭉치

실험목적

'푸른곰팡이' 또는 '페니실륨'이라 부르는 곰팡이는 항생물질인 페니실린을 생산한다. 푸른곰팡이가 어떻게 생겼는지 직접 길러 관찰해보자.

실험방법

❶ 귤껍질을 벗겨서 몇 시간 동안 접시에 담아둔다.
❷ 다음날 귤껍질을 비닐봉지 안에 넣는다. 이때 물에 젖은 휴지 뭉치도 함께 넣는다.
❸ 비닐봉지를 밀봉한 것을 어둡고 따뜻한 장소에 둔다.
❹ 2주일 뒤에 비닐봉지 안의 귤껍질을 관찰한다.

실험결과

귤껍질 안쪽에는 검은 녹색의 곰팡이가 가득 자라 있다.

연구

귤껍질을 까서 몇 시간 접시에 담아두는 것은 공기 중에 날아다니는 푸른곰팡이 포자(홀씨)가 많이 떨어지도록 한 것이다. 비닐봉지 안에 젖은 휴지를 넣은 것은 곰팡이가 자라기 좋도록 습기를 보충한 것이다.

푸른곰팡이는 오렌지 껍질에서 잘 자란다. 푸른곰팡이는 다른 세균이 자기가 사는 장소에 자라지 못하도록 하는 항생물질을 분비한다. 그러므로 푸른곰팡이가 자라는 곳에는 자른 종류의 균이 자라기 어렵다.

영국의 세균학자 알렉산더 플레밍은 1928년에 이러한 사실을 발견하여, 훗날 항생제를 개발하는 계기를 만들었고, 세균에 의한 많은 전염병에서 인명을 구하는 길을 열었다.

귤껍질

젖은 휴지

귤껍질

비닐봉지

페니실륨 곰팡이

실험

97 눈이 피로해지면 반대색을 느낀다

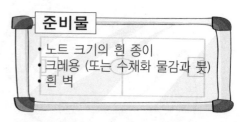

준비물

• 노트 크기의 흰 종이
• 크레용 (또는 수채화 물감과 붓)
• 흰 벽

실험목적

눈의 망막에는 빛과 색을 느끼는 '추상체'라고 부르는 감각세포들이 있다. 피곤해진 추상체는 반대되는 색을 느끼는 현상이 나타난다. 그 이유를 알아보자.

실험방법

❶ 흰 종이에 태극 모양을 그림과 같이 검정색, 황색, 녹색으로 그린다.

❷ 완성된 그림을 흰 벽에 붙인다.

❸ 그림의 중앙 부분을 1분 동안 다른 곳은 보지 말고 집중하여 바라본다.

❹ 시선 방향을 조금 틀어 아무것도 없는 흰 벽을 보자.

❺ 흰 벽에 태극 모양이 보이는가? 색은 어떻게 변하여 나타나는가?

실험결과

잠시 동안 흰 벽에 태극 모양이 있는 것처럼 느껴진다. 이때 보이는 태극 그림의 색은 검정은 흰색, 흰색은 검정, 황색은 청색, 녹색은 붉은색으로 반대색이 되어 보인다.

연구

눈의 동공 뒤편에는 빛을 감각하는 망막이 있다. 이 망막은 추상체라는 색을 구분하는 감각세포들이 자리 잡고 있다. 원추체 세포의 수는 600~700만개인데, 추상체 세포는 '빛의 3원색'인 붉은색, 푸른색, 녹색 3가지 색을 민감하게 느낀다.
추상체는 어떤 색을 너무 오래 바라보아 피로해지면, 색에 대해 둔감해져 반대색으로 느껴버린다. 그래서 검정을 희게, 흰 것을 검게 느끼고, 녹색은 붉은색, 붉은색은 녹색, 황색은 청색, 청색은 황색으로 착각한다.

실험 98 손가락을 당기면 관절에서 왜 소리가 날까?

준비물
• 두 손의 손가락

실험 목적

손가락을 잡아당기면 관절에서 뚝! 소리가 난다. 그러나 한 번 소리가 나면 한동안 소리가 나지 않는다. 그 이유는 무엇일까?

실험 방법

❶ 손가락 하나를 잡아당겨보자. 소리가 뚝! 나는가?

❷ 2분 후에 다시 당겨보자. 소리가 나는가?

❸ 다시 2분 간격으로 계속 당겨보자. 몇 분 후에 소리가 다시 나는가?

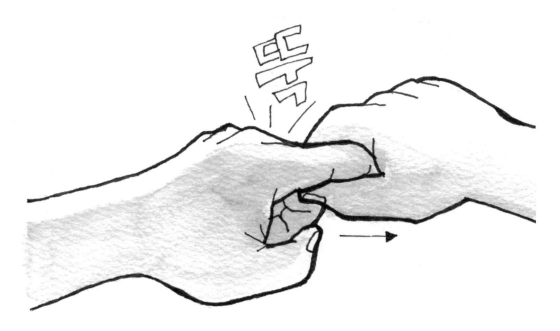

실험결과 한 차례 소리가 난 손가락 관절에서는 한동안 소리가 나지 않는다. 그러나 10~20분 후에 당기면 다시 소리가 난다.

우두둑

연구

손가락만 아니라 쉬고 있던 큰 관절(어깨나 무릎)도 크게 움직이면 우두둑! 소리를 내기도 한다. 관절을 싸고 있는 액체 속에는 기체가 녹아 있다. 관절을 당기면 그곳의 압력이 낮아지므로, 이때 그곳으로 기체가 몰려가 소리가 난다. 이것은 음료수 깡통이나 병을 열 때, 공기가 순간적으로 들어가거나 나가면서 펙! 소리가 나는 것과 같다.

관절에서 나온 가스는 피부 밖으로 나가지 못하고 있다가, 10-20분 후에는 다시 관절의 액체 속에 녹아든다.

_{실험} 99 이쑤시개를 이용하여 심장박동수를 헤아려보자

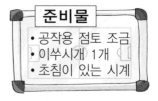

준비물
- 공작용 점토 조금
- 이쑤시개 1개
- 초침이 있는 시계

실험목적

의사나 간호사들은 손목에 손가락을 대고 촉감으로 맥박을 잰다. 손목의 맥박이 뛰는 모습을 눈으로 확인하여 재어보자.

실험방법

❶ 점토를 콩알 크기로 뜯어내어 둥글게 만든다.
❷ 거기에 이쑤시개를 끼우고, 점토 바닥을 납작하게 만든다.
❸ 이것을 손목 맥박이 뛰는 곳에 세운다.
❹ 손목 위의 이쑤시개가 1분 동안에 몇 번 들썩이나 헤아려보자.

실험결과

일반적으로 안정된 상태에서 어른들은 1분에 60~80회 박동하지만, 아기들은 80~140회까지 뛰기도 한다.

연구

심장은 일정한 간격으로 신축하여 혈액을 혈관으로 밀어낸다. 그때마다 혈관(동맥)으로 강하게 혈액이 흐른다. 손목 부위의 동맥은 피부 가까이 있어 감촉으로 느낄 수 있다. 점토 위에 꽂아둔 이쑤시개는 맥박이 뛸 때마다 좌우로 크게 흔들리므로 눈으로 관찰할 수 있다. 팔뚝이나 손등에 보이는 검푸른 혈관은 정맥 혈관이므로 혈액의 흐름이 완만하여 동맥처럼 맥박을 느끼지 못한다.

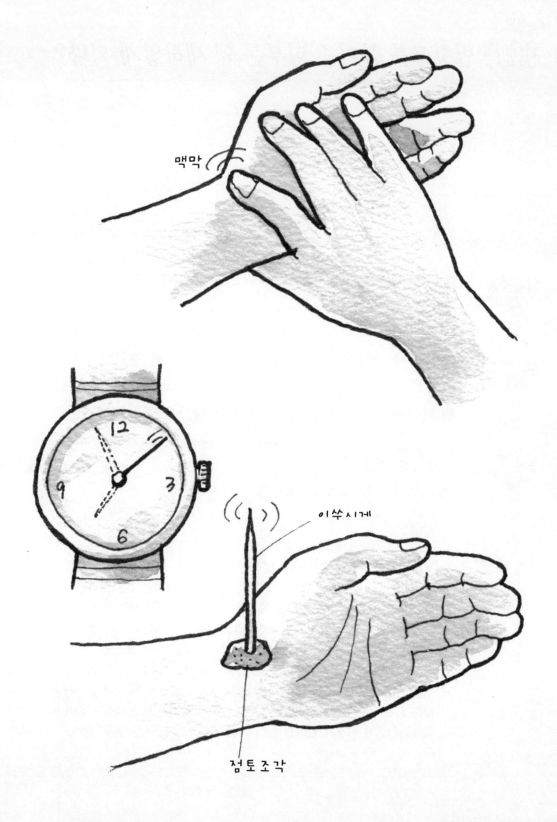

맥막

이쑤시계

점토조각

실험 100 반창고를 붙여준 피부는 왜 새하얗게 되나?

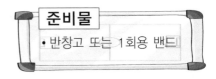

준비물

• 반창고 또는 1회용 밴드

실험 목적

여름에 해수욕장에서 햇빛을 받으면 피부가 검게 변한다. 그 이유는 무엇일까?

실험 방법

❶ 손가락 하나의 끝에 반창고나 1회용 밴드를 붙인다.
❷ 2일 후에 반창고를 열고 피부색을 주변의 피부와 비교해보자.
❸ 변색된 피부색은 얼마나 오래도록 남아 있는가?

실험 결과

반창고를 붙여준 부분은 새하얗게 보인다. 그러나 몇 시간 후에는 주변 피부와 구분이 되지 않도록 같아진다.

연구

사람이나 여러 동물의 세포는 '멜라닌'이라 부르는 흑갈색 색소 입자를 가지고 있다. 머리카락, 털, 새의 깃털, 눈동자의 색 등이 흑갈색인 것은 멜라닌 색소 때문이다. 피부에 햇빛이 비치면 표면 쪽에 멜라닌 색소가 증가하여 갈색이 짙어진다. 그러나 햇빛을 보지 못하는 피부에서는 색소 입자가 줄어들어 색이 옅어진다.

어린 아기의 엉덩이에 나타나는 푸른색 반점(몽고반)의 색소도 멜라닌이다. 몽고반의 멜라닌 색소는 성장하면서 없어진다. 피부에 생기는 검은 점(모반)은 멜라닌 색소가 많이 모인(침착한) 것이다. 사람들 중에는 선천적으로 멜라닌 색소가 생기지 않는 경우가 있다. 이런 사람의 피부는 창백하며, 눈동자는 색소가 없어 붉게 보인다. 동물 중에 색소가 없어진 것이 가끔 발견되는데, 이런 것을 '알비노'라 부른다.

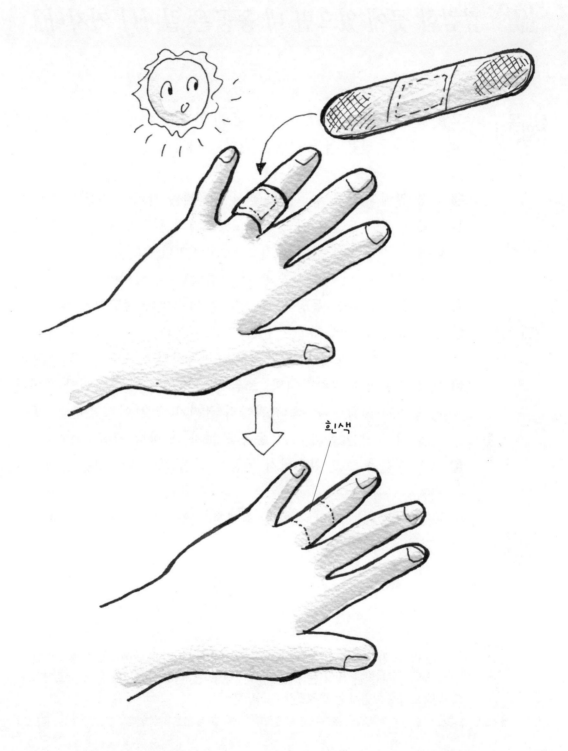

흰색

101 캄캄한 곳에 있으면 내 동공은 얼마나 커지나?

 실험목적
고양이의 눈동자를 보면 동공이 금방 커지고 작아지는 것을 볼 수 있다. 사람의 동공은 어둠 속에서 얼마나 커질까?

 실험방법
❶ 책상 앞에 거울을 놓고, 그 앞에 신문지나 잡지를 펴둔다.
❷ 검은 종이를 도르르 말아 자기 눈 크기의 원통을 만든다. 원통 둘레에 고무 밴드를 걸어 펴지지 않게 조인다.
(* 이 원통은 앞뒤를 막으면 아주 캄캄할 수 있어야 한다.)
❸ 거울을 보고 자기 동공의 크기가 몇 밀리미터 정도인지 확인한다.
❹ 한쪽 눈을 원통에 대고 신문을 드려다 본다. 이때 외부 빛이 가능한 들어오지 않도록 원통과 신문을 밀착시킨다. 다른 눈은 감는다.
❺ 처음에는 아주 캄캄하지만, 조금 지나면 신문지의 글씨가 희미하게 보이기 시작한다. 좀더 기다려 글씨가 잘 보이는 순간, 얼은 눈을 떼어 거울 속의 자기 동공을 보자. 얼마나 커졌는가?
❻ 계속 거울을 보고 있으면서 동공이 점점 작아지는 것을 본다.

 실험결과
어두운 곳을 보는 동안 동공은 최대한 커졌다가, 밝은 곳을 보면 다시 작아진다.

연구
동공이 크게 열리면 많은 빛이 눈으로 들어오므로 어두운 곳에서도 잘 볼 수 있다. 그러나 너무 밝은 빛이 눈에 들어가면 시신경을 상하게 하므로 동공은 좁아진다. 인체도감을 보면서 눈의 구조를 알아두자.

실험 102 눈이 쉽게 착시하는 현상과 그림들

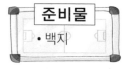
준비물
• 백지

실험목적

우리 눈은 착시(錯視)를 잘 한다. 어떤 경우에 우리는 착시하고 있을까?

실험방법

❶ 수평선 가까이 있는 해나 달은 유난히 크게 보인다. 이때 백지를 동그랗게 작게 말아 대롱을 만들고, 그 구멍을 통해 해를 보자.

❷ 동산에 떠오르는 해나, 서산에 걸린 해는 중천의 해보다 빨리 움직이는 것처럼 느껴진다.

❸ 달을 쳐다보고 걸으면 달이 따라오거나 앞서가는 것처럼 느껴진다. 또한 밤에 구름 속의 달을 보고 있으면 달이 구름 사이로 달려가는 것처럼 보인다.

❹ 다음쪽의 8가지 그림들을 보자.

실험결과

커다랗게 느껴지는 달이나 해를 대롱 속으로 보면 금방 본래의 크기로 조그맣게 보인다. 지평선이나 수평선에 가까운 달과 태양은 더 빨리 움직이는 것처럼 느껴지는 것은 착시이다.

달이 구름 속을 헤집고 가는 듯이 보이는 현상, 달리는 차 속에서 길가의 가로수를 보면 가로수가 뒤로 가고 있는 것으로 느껴지는 것 역시 착시의 일종이다. 우리의 눈은 같은 길이를 착시하기도 하고. 상하를 바꿔보기도 한다.

연구

* 1), 2), 3)의 '가'와 '나'의 길이는 달라 보이지만 같다.
* 4)의 직선은 나란하지만 휘었거나 비틀어져 보인다.
* 5), 7), 8)을 보고 있으면 상하가 수시로 뒤바뀐 모양으로 착시한다.
* 6)은 검은 쪽 원이 작고 약간 찌그러져 보인다.

실험 103 방안의 화분은 가습기 역할을 얼마나 할까?

실험목적

겨울이 오면 실내 공기가 건조하여 가습기를 틀어놓기도 한다. 방안에 화분이 있으면 얼마나 습기를 보충해줄까?

실험방법

❶ 화초가 심긴 화분의 흙과 같은 정도로 빈 화분에도 흙을 담는다.
❷ 두 화분에 충분히 물을 준다.
❸ 두 화분 위를 투명 비닐로 그림처럼 덮는다.
❹ 비닐을 씌운 두 화분 아래에 화분받침을 받쳐, 창가 햇볕이 드는 곳에 놓는다.
❺ 2,3시간 후에 비닐 안을 관찰해보자. 비닐에서 흘러내린 물이 고인 화분받침을 살펴보자. 어느 쪽 화분에서 더 많은 물이 증발하였는가?

실험결과

꽃을 심어둔 화분에서 더 많은 수분이 응축하여 화분받침 바닥에 고여 있거나, 비닐 벽을 따라 물이 흐르고 있다.

연구

식물의 뿌리에서 잎까지 올라온 물은 잎에 있는 숨구멍을 통해 수증기 상태로 빠져 나간다. 이것을 증산이라 한다. 식물의 잎이 무성하면 증산 양은 그만큼 더 많아진다. 실내에 놓아둔 잎이 무성한 화분은 훌륭한 가습기 역할을 한다.

준비물
- 키가 15센티미터 정도 되는 식물이 자라는 작은 화분, 같은 크기의 빈 화분 1개
- 화분에 담을 흙
- 화분 받침 2개
- 화분을 덮을 수 있는 크기의 투명 비닐봉지 2개

증산이 심하다

증산이 적다

실험 104 끓는 물속에 들어간 세균은 왜 죽어버리나?

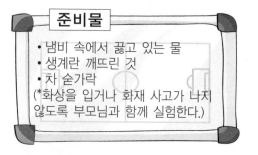

준비물

- 냄비 속에서 끓고 있는 물
- 생계란 깨뜨린 것
- 차 숟가락

(*화상을 입거나 화재 사고가 나지 않도록 부모님과 함께 실험한다.)

실험목적

의사들이나 생물 연구실의 과학자들은 세균을 죽이기(살균) 위해 주사기나 수술도구를 비롯한 각종 실험기구를 끓는 물 속에 얼마 동안 넣어둔다. 끓는 물 속에서는 세균의 몸에 어떤 변화가 일어나 죽게 되나?

흰자

노른자

실험방법

❶ 냄비 안의 물이 끓는 것을 확인하고, 생계란의 투명한 흰자를 숟가락으로 떠서 끓는 물에 넣는다.

❷ 투명하던 흰자는 어떻게 변하나?

❸ 생 노른자를 떠서 넣는다면 어떻게 되나?

 실험결과

투명한 물처럼 보이던 계란의 흰자를 뜨거운 물에 넣으면 잠깐 사이에 흰색의 덩어리로 굳어버린다. 노른자도 마찬가지로 굳어진다.

끓는 물에 살균

연구

뜨거운 물에 들어간 세균은 마치 생계란이 삶은 계란이 되는 것처럼, 온 몸(몸을 구성하는 단백질)이 단단하게 굳어버려 생명활동을 못하게 된다. 세균을 완전히 죽이는 확실하고 간단한 방법이 끓는 물에 넣는 것이다. 거의 모든 세균은 온도가 섭씨 70도 정도이면 30분 이내에 죽는다. 생물연구실에서는 실험기구를 온도가 100도보다 높아지는 특별한 멸균기 속에 넣어 완전하게 살균한다.

실험 105 우리 집 수돗물은 어느 정도 센물인가?

준비물
- 빗물 2컵, 수돗물 (또는 우물물) 1컵
- 비누 조각, 접시, 스포이트, 젓가락, 투명한 유리컵 3개

실험목적

빗물로 빨래를 하면 비누거품이 잘 일고 때가 쉽게 빠진다. 그러나 우물물이나 호수의 물은 이와 반대이다. 그래서 빨래가 잘 되는 빗물은 단물(또는 연수)이라 하고, 우물물은 센물(또는 경수)이라 한다. 우리 집에서 쓰는 물은 어떤 물일까?

실험방법

❶ 유리컵에 빗물을 반쯤 담고 비누 조각을 넣는다.
❷ 젓가락으로 비누를 5분 정도 휘저어 진한 비눗물을 만든 후, 남은 비누는 건져낸다.
❸ 두 개의 유리컵에 빗물과 수돗물을 각각 같은 양 붓는다.
❹ 스포이트로 진한 비눗물을 가득 빨아올려 빗물이 담긴 컵에 10방울 떨어뜨린다.
❺ 젓가락으로 빗물을 2분 동안 휘저은 후, 수면에 생긴 비누거품의 높이를 잰다.
❻ 수돗물에 진한 비눗물을 10방울 넣고 2분간 휘저어보자. 비누거품이 빗물만큼 생겼는가?
❼ 수돗물에는 진한 비눗물을 얼마나 넣어야 빗물과 비슷한 높이의 비누거품이 수면에 생기는가?

실험결과

수돗물에서는 빗물만큼 비누거품이 잘 생기지 않는다. 빗물과 같은 정도의 비누거품이 생기려면 진한 비눗물을 상당히 더 넣어야 한다. 수돗물에 포함된 광물질이 많을수록 비눗물을 더 많이 넣어야 한다.

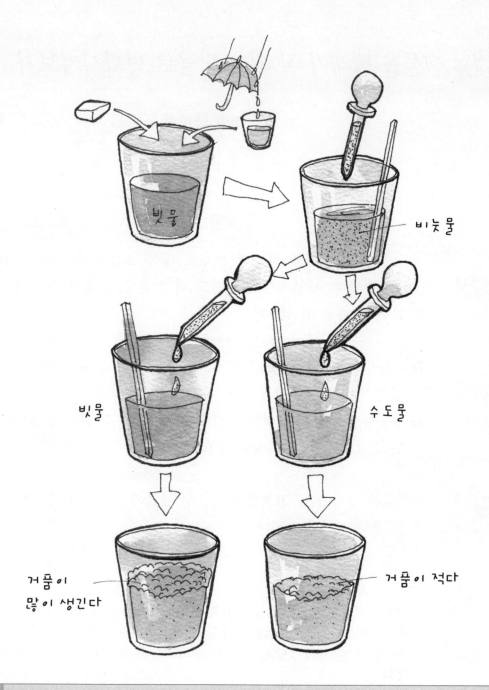

빗물

비눗물

빗물

수도물

거품이
많이 생긴다

거품이 적다

연구

물속에 광물질이 많이 포함되어 있으면 끈끈하고 혼탁한 비눗물이 된다. 우물물은 수돗물보다 더 경수이기 쉽다.

실험
106 센물을 빨래가 잘 되는 단물로 변화시켜보자

준비물
- 물을 끓일 냄비와 가스렌지
- 양잿물(탄산나트륨, 일명 세탁소다) 조금
- 실험105에서 사용한 준비물
- 수돗물(또는 우물물)

실험목적

센물(경수)로 빨래를 하자면 비누도 많이 소모되고, 헹구는 물이 더 많이 필요하며, 빨래하는데 시간도 더 걸린다. 어떻게 하면 센물을 단물(연수)로 바꿀 수 있을까?

실험방법

❶ 수돗물을 냄비에 담고 5분 정도 끓인 후, 그 물에 실험105와 같이 진한 비눗물을 10방울 넣고 휘저어보자.

❷ 수돗물에 약간의 양잿물을 넣고 휘저은 후, 그 물에 실험105와 같은 진한 비눗물을 10방울 넣고 휘저어보자.

실험결과

수돗물을 끓이거나, 양잿물을 넣으면 센물의 정도가 아주 약해져 비누가 잘 풀리는 단물이 된다.

연구

비누는 때의 성분인 지방질을 분해하는 성질이 있다(실험107 참조). 그런데 수돗물이나 우물물에 칼슘, 마그네슘 등의 광물질이 녹아 있으면(센물의 특성), 비누가 세탁 기능을 발휘하지 못한다. 즉 칼슘이나 마그네슘은 비누와 만나 찌꺼기가 되어버린다.

그러나 물을 끓이면 칼슘 성분은 비누와 결합하지 않는 물질로 변한다. 또한 센물에 세탁소다를 넣으면, 그것은 칼슘 및 마그네슘과 화합하여 비누와 결합하지 않는 물질로 변한다. 그 결과 끓이거나 세탁소다를 넣으면 물은 비누의 작용을 방해하는 성분이 없는 단물로 된다.

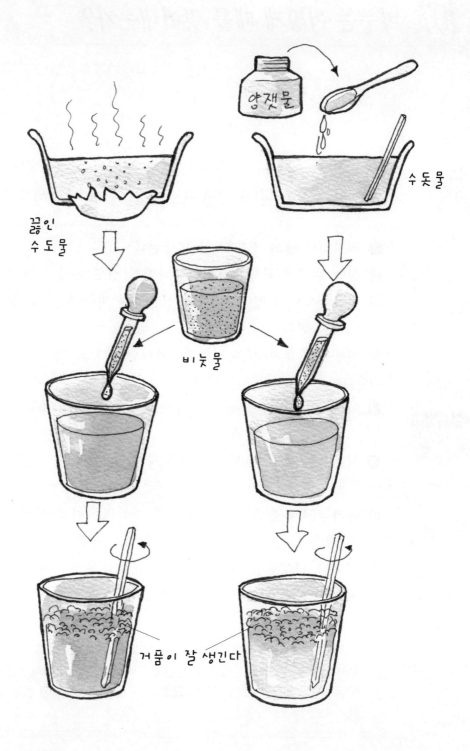

끓인
수도물

양잿물

수돗물

비눗물

거품이 잘 생긴다

107 비누는 어떻게 떼를 씻어내는가?

실험목적

손에 묻은 기름기를 맹물로 씻으면 없어지기 어렵지만, 비누를 발라 문지르면 곧 씻어진다. 비누의 역할을 실험으로 확인해보자.

실험방법 1

❶ 유리컵에 절반 정도의 물을 담는다.
❷ 컵의 수면에 식용유를 0.5센티미터 정도 높이로 부어준다.
❸ 젓가락으로 컵에 담긴 물과 식용유를 마구 휘저어, 물과 기름이 섞이도록 한다.
❹ 식용유는 물과 섞여 있는가, 아니면 상하로 다시 분리되는가?

실험방법 2

❺ 이번에는 그 컵에 세제나 진한 비눗물을 조금 넣고, 젓가락으로 다시 3분 정도 강하게 휘젓는다.
❻ 식용유는 다시 수면에 떠서 물과 구분되는가?

실험결과

❶ 물과 식용유를 뒤섞으면 잔잔한 기름방울이 되어 흩어지지만, 식용유 방울은 곧 수면으로 모두 떠올라 식용유 층을 만들게 된다.
❷ 세제나 비눗물을 넣고 휘저으면, 식용유는 비누 성분과 화합하여 작은 입자가 되어 물속에 흩어진다. 컵의 물빛은 우윳빛이 된다.

연구

우리 피부에서는 땀과 함께 지방 성분이 분비되고, 여기에 먼지가 묻어 때가 된다. 비누로 몸을 씻으면 지방이 분해되므로 떼는 쉽게 떨어져 나와 물과 함께 떠내려간다.

준비물
- 투명한 유리컵 1개
- 비누나 세제 조금
- 식용유 조금
- 젓가락

비누를 넣고 휘젓는다

비누와 기름이 결합하여 입자가 된다

실험
108 여러 가지 암석을 채집하여 분류해보자

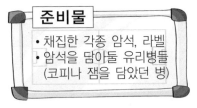

준비물
• 채집한 각종 암석, 라벨
• 암석을 담아둘 유리병들
  (코피나 잼을 담았던 병)

실험목적
산이나 냇가에서는 여러 가지 암석을 채집할 수 있다. 서로 모양이 다른 것을 채집하여 성질과 이름을 알아보자.

실험방법 결과

❶ 모양이 특이하다고 생각되는 암석들을 채집하여 유리병에 담아 보관한다. 큰 표본은 선반에 그대로 보관한다.

❷ 암석의 이름, 재집장소, 채집일 등을 기록한 라벨을 병이나 암석에 붙여둔다.

❸ 암석의 이름은 전문가가 아니면 확실히 알기 어려우므로 과학박물관의 암석전시실을 방문하여 전시물과 대조하거나, 안내 선생님에게 물어 확인한다.

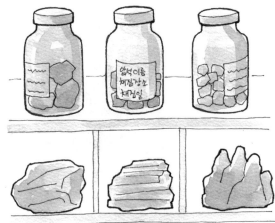

연구

암석의 종류는 매우 많지만, 만들어진 원인에 따라 퇴적암(수성암), 화성암, 변성암 3가지로 크게 나눈다. 퇴적암은 강이나 호수 바다의 밑바닥에 진흙이나 잔모래가 오랜 세월 동안 가라앉아 눌려 단단한 암석이 된 것이다. 이런 퇴적암은 납작하고 시루떡처럼 갈라지는 것이 특징이다.

축대를 쌓는데 주로 쓰는 화강암, 석영, 운모 등은 화성암이다. 변성암은 퇴적암이나 화성암이 높은 열과 압력을 받아 변한 암석이다. 석회석이 변한 대리석, 이판암이 변한 점판암은 대표적인 변성암이다.

제8장
과학 트릭·생활 공작

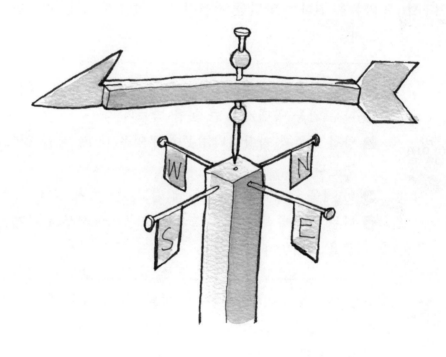

109 고무 밴드로 간단한 저울 만들기

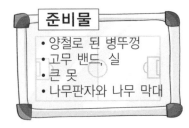

준비물
- 양철로 된 병뚜껑
- 고무 밴드, 실
- 큰 못
- 나무판자와 나무 막대

실험목적

약품을 원하는 양만큼 저울질하여 담을 수 있는 간단한 저울을 만들어 보자.

실험방법

❶ 그림과 같이 나무판자에 나무 기둥을 못으로 고정한다.
❷ 나무 기둥 꼭대기에 큰 못을 박는다.
❸ 양철 병뚜껑 가장자리 3곳에 구멍을 내고, 실을 꿰어 저울 접시를 만든다.
❹ 이 저울 접시를 고무 밴드에 걸고, 큰 못에 건다.
❺ 나무 기둥에 빈 저울이 드리워진 높이에서부터 무게를 나타내는 눈금을 표시한다.

실험결과

고무 밴드의 늘어나는 탄성을 이용하여 간단한 저울을 만들었다. 저울이 너무 늘어나면 고무 밴드를 2개 또는 3개를 걸거나, 탄성이 강한 고무 밴드를 사용한다.

연구

과학실험실에서 사용하는 저울은 대단히 정밀해야 한다. 고무 밴드의 탄성을 이용하여 만든 저울은 정밀하진 않지만, 간단한 저울이 된다. 좀더 정밀한 저울을 만들기 원하면 고무 밴드 대신 스프링을 사용한다.

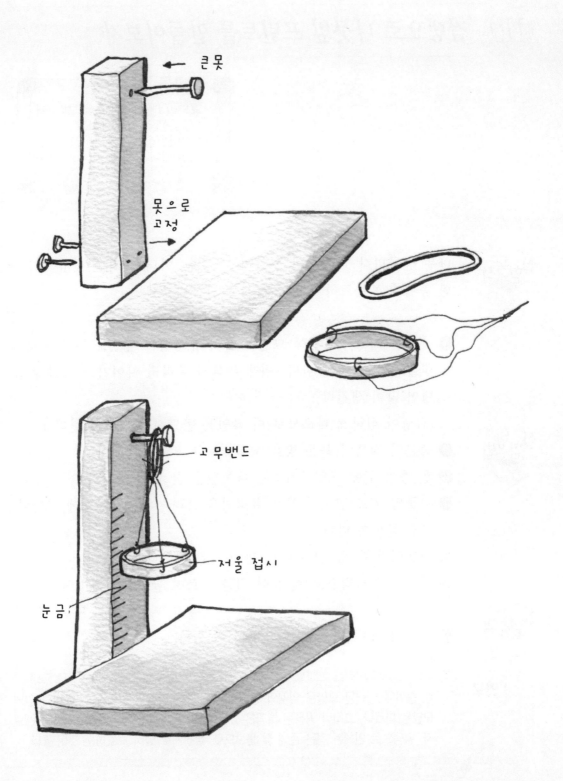

큰 못

못으로
고정

고무밴드

저울 접시

눈금

실험 110 검댕으로 나뭇잎 프린트를 만들어보자

준비물
- 표면이 매끈한 작은 유리병 2개
- 양초, 성냥, 접착 테이프
- 백지 몇 장, 유산지 몇 장
- 여러 자기 나뭇잎

 실험목적

나무 종류마다 나뭇잎의 모양이 다르다. 여러 가지 나뭇잎의 모양을 흰 종이에 프린트하여 잎의 특징을 관찰해보자.

실험방법

❶ 촛불을 켜고, 그 위에 그림과 같이 유리병을 옆으로 뉜 상태로 검댕을 골고루 묻게 한다. 이때 촛불과 유리병 사이가 가까워야 검댕이 많이 생긴다.

(검댕이 심하게 나오므로 이 작업은 반드시 실외에서 한다.)

❷ 충분히 검댕이 묻은 병을 세워놓는다.

❸ 흰 종이 위에 프린트하려는 나뭇잎을 잘 펴서 놓는다.

❹ 나뭇잎 위로 검댕이 묻은 유리병을 굴려, 나뭇잎 전체에 검댕이 고루 묻도록 한다.

❺ 검댕이 묻은 잎 위에 다른 흰 종이를 덮는다.

❻ 깨끗한 유리병으로 흰 종이 위를 누르며 굴린다.

 실험결과

흰 종이에 나뭇잎의 모양이 인쇄되어 있다.

연구

흰 종이에 인쇄된 모양은 잎맥의 생김새이다. 같은 나무의 잎이라도 잎 마다 잎맥 모양은 다르다. 그러나 공통된 특징은 있다. 나무 종류끼리 잎맥의 특징을 비교해보자. 검댕으로 인쇄된 것은 손에 잘 묻으므로, 유산지로 덮어 보호하는 것이 좋다.

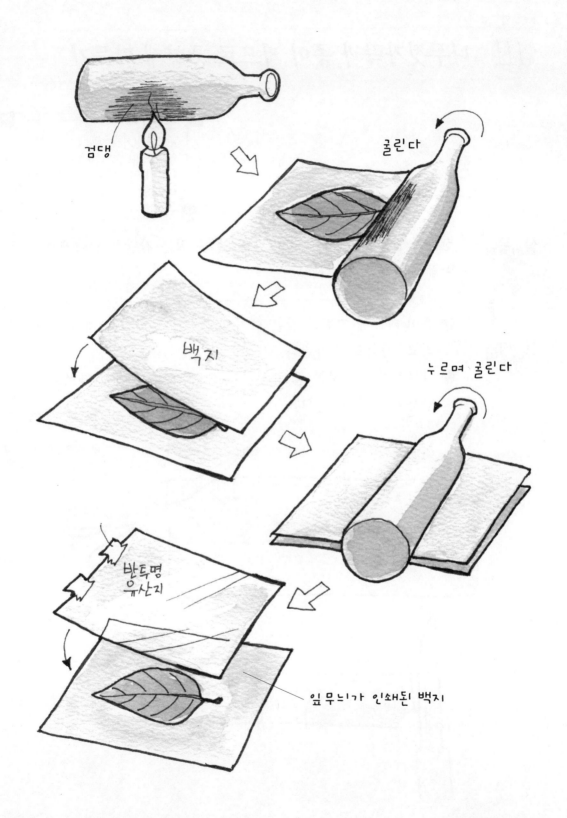

검댕

굴린다

백지

누르며 굴린다

반투명
유산지

잎무늬가 인쇄된 백지

실험 111 나무젓가락과 종이 카드로 풍향계 만들기

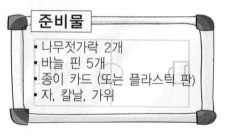

준비물

• 나무젓가락 2개
• 바늘 핀 5개
• 종이 카드 (또는 플라스틱 판)
• 자, 칼날, 가위

실험목적

창밖에 불고 있는 바람의 방향을 알 수 있는 간단한 풍향계를 만들어, 바람의 방향을 확인해보자.

실험방법

❶ 종이 카드에 그림과 같은 크기로 풍향을 가리킬 날개의 그림을 그리고, 가위로 잘라낸다.

❷ 나무젓가락의 양쪽 끝 중심부를 칼로 가른다. 이때 가르는 앞과 뒤 방향이 나란해야 한다.

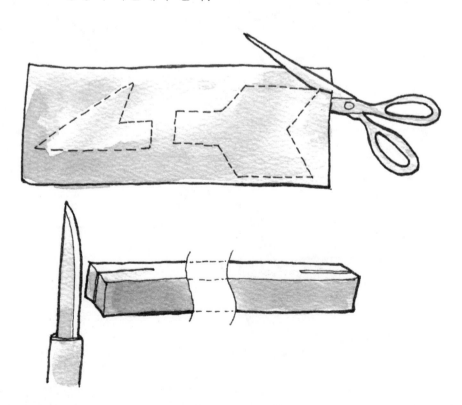

❸ 젓가락의 양쪽 갈라진 틈을 살짝 벌리고 방향 날개와 꼬리 날개를 각각 끼운다.

❹ 앞 뒤 날개가 움직이지 않도록 갈라진 부분에 접착테이프를 감으면 풍향타가 된다.

❺ 풍향타의 무게 중심을 찾아 그곳에 핀을 수직으로 끼운다.

❻ 풍향계 기둥이 될 나무젓가락 끝 사방에 4개의 핀을 그림처럼 끼우고, 방향을 나타내는 라벨을 단다.

❼ 풍향타의 핀을 풍향계 기둥 끝에 끼운다.

❽ 풍향계 기둥을 창밖 적당한 곳에 수직으로 고정하여 세운다.

 미니 풍향계가 완성되었다.

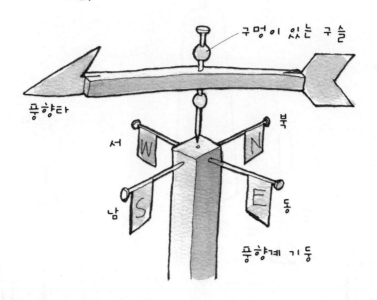

구멍이 있는 구슬

풍향타

서 북 W N

남 동 S E

풍향계 기둥

연구 비가 내려도 지장이 없게 만들자면 종이 카드 대신 얇은 플라스틱판으로 날개를 만들면 된다. 풍향계 기둥은 수직으로 세워야 방향을 정확히 가리킬 수 있다.

112 수중에서 불타는 운치 있는 생일축하 촛불놀이

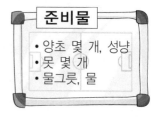

준비물

• 양초 몇 개, 성냥
• 못 몇 개
• 물그릇, 물

실험목적

가족의 생일축하를 위해 촛불을 켤 때, 물그릇 속에서 촛불이 둥둥 떠서 불타게 하는 깜짝쇼를 연출해보자.

양초

못

물에 수직으로 뜬 양초

실험방법

❶ 예쁜 물그릇에 물을 담는다.

❷ 양초는 물보다 가벼워 물속에 세울 수 없다. 양초 아래에 적당한 크기의 못을 끼우고 물위에 세워보자. 못이 가벼우면 좀 더 큰 못으로 갈아 끼운다.

❸ 양초가 물속에 똑바로 선 상태로 뜨게 되면 성냥불을 붙인다.

실험결과

양초는 타는 동안 점점 작아지겠지만, 수중에서 빛나는 촛불을 오래도록 볼 수 있다.

연구

이 실험은 가족들에게 어떤 방법으로 양초를 물에 세웠는지 말하지 않아야 호기심을 크게 끌 수 있다. 크기와 색이 다른 몇 개의 양초를 한꺼번에 물속에 세워 빛나게 하면, 보다 운치 있는 촛불놀이가 될 것이다.

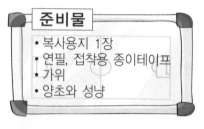

실험

113 종이를 말아 스트로를 만들어보자

준비물
• 복사용지 1장
• 연필, 접착용 종이테이프
• 가위
• 양초와 성냥

실험 목적

스트로는 음료수를 마실 때 사용하도록 만든 것이지만, 실험을 할 때는 스포이트 대신 쓸 수 있다. 마침 집안에 스트로가 없다면 간단히 만들어 사용해보자.

실험 방법

❶ 복사용지를 길이로 4등분한다.
❷ 그림과 같이 연필 주변에 비스듬하게 돌돌 말아 대롱을 만든다.
❸ 대롱이 풀리지 않도록 마지막 끝부분을 종이테이프로 붙인다.
❹ 이 종이 대롱 주변에 촛농을 떨어뜨려 전체가 파라핀(양초 성분의 화학명)에 젖도록 한다.
❺ 촛농이 식어 굳어지면, 가위로 스트로의 상하 끝을 반듯하게 자른다.
❻ 남은 종이 3개로 굵기와 길이가 다른 파라핀을 먹인 스트로를 만들어보자.

실험 결과

음료수를 마시거나, 실험 때 스포이트로 대용할 수 있는 굵기와 길이가 다른 스트로를 만들었다.

연구

스트로는 플라스틱이나 종이를 재료로 만든다. 종이로 만든 것은 물에서 오래 사용하기 어렵다. 이 실험에서처럼 종이에 파라핀을 먹이면, 내수성 스트로가 된다.

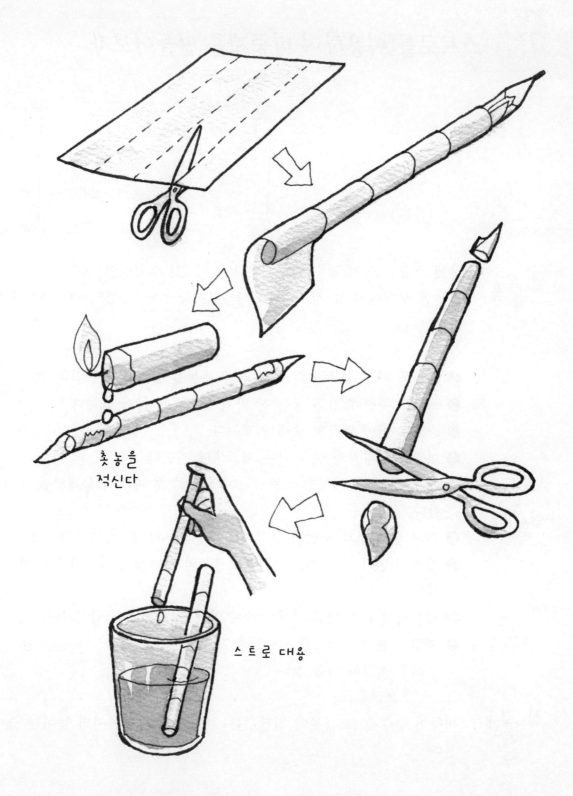

촛농을
적신다

스트로 대용

실험 114 스트로를 이용하여 비중계를 만들어보자

준비물
- 스트로 (실험113에서 만든 종이스트로도 사용 가능)
- 검은 실 조금, 굵은 모래 조금
- 양초, 성냥, 자
- 윗부분을 잘라버린 투명한 페트병, 물
- 소금, 생계란

 실험목적

물에 소금을 많이 탈수록 무거운(비중이 큰) 소금물이 된다. 비중계를 만들어 생계란이 뜰 정도의 소금물은 비중이 어느 정도인지 조사해보자.

 실험방법

❶ 촛불을 켜고, 스트로의 한쪽 끝에 촛농을 떨어뜨려 완전히 막는다.
❷ 스트로 주변에 검은 실을 한 바퀴 풀어지지 않게 감는다.
❸ 스트로 안에 약간의 모래를 넣는다.
❹ 이것을 그림처럼 물을 담은 페트병에 세운다.
❺ 스트로가 기울어지면 스트로가 수직으로 설 때까지 모래알을 추가한다.
❻ 검은 실의 선과 수면이 일치하도록 실의 높이를 손으로 조정한다.
❼ 실과 수면이 같을 때, 꺼내어 스트로의 바닥에서 실까지 길이를 잰다.
❽ 페트병에 물을 담고 생계란이 수면에 뜰 때까지 소금을 녹인다.
❾ 계란이 뜰 때, 스트로 비중계를 넣어 물에 잠기는 길이(검은 실의 높이를 조정하여)를 잰다.

 실험결과

비중이 클수록 (소금물이 진할수록) 비중계의 수면까지의 높이는 줄어든다.

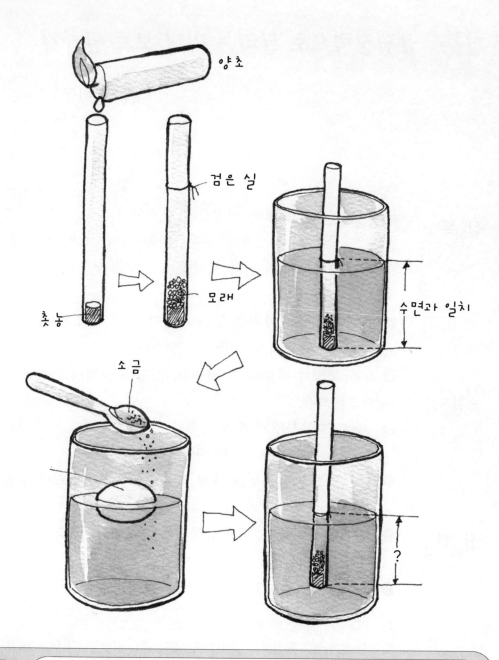

양초

검은 실

모래

촛농

수면과 일치

소금

?

연구

이것은 간단한 비중계이다. 섭씨 4도일 때의 물의 비중을 1로 정하고 있다. 무거운 수은은 비중이 13.6이다. 이것은 물보다 13.6배 무겁다는 표시이기도 하다. 사회에서 "그는 비중 있는 분이다."라고 말한다면, 그 사람은 중요한 위치에서 일하는 영향력이 큰 사람임을 나타낸다.

115 표면장력으로 달리는 미니 보트 만들기

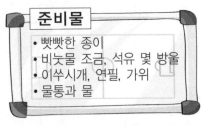

준비물

• 빳빳한 종이
• 비눗물 조금, 석유 몇 방울
• 이쑤시개, 연필, 가위
• 물통과 물

실험목적

물의 분자가 서로 붙는 성질은 응집력이라 하고, 물과 유리가 서로 붙는(다른 물체끼리) 성질은 부착력이라 한다. 물이 가진 표면장력, 응집력, 부착력은 여러 가지 재미있는 현상을 보여준다.

실험방법

❶ 빳빳한 종이를 가위로 잘라 그림과 같이 길이 2.5센티미터 크기의 미니 보트를 3가지 모양으로 만든다.
❷ '가' 모양의 배를 물에 띄우고, 선미의 구멍에 비눗물을 1방울 떨어뜨려보자.
❸ '나', '다' 모양의 배에도 같은 실험을 해보자. '가, 나, 다' 모양의 배는 각각 어떻게 움직이나?
❹ 같은 방법으로 비눗물 대신 석유를 1방울 떨어뜨려 실험해보자.

실험결과

❶ '가'의 경우 배는 직선 방향으로 진행한다. 그러나 '나'와 '다'는 좌 또는 우측으로 선회하면서 나아간다.
❷ 석유를 떨어뜨려도 같은 현상을 관찰할 수 있다.

연구

비눗물이 떨어져 선미로 흘러나가면 선미 쪽의 표면장력이 약해지므로 배는 선수 쪽으로 끌려간다. 이때 배를 끌고 가는 힘은 물과 배 사이의 부착력이다. 같은 현상은 석유에서도 일어난다. 비누나 석유 모두 물의 표면장력을 약하게 하는 물질이다. (물의 표면장력 관련 실험은 〈마술보다 재미난 과학실험〉 실험29, 실험30, 실험33 등을 참조하자.)

가 나 다

비눗물 석유

2.5cm

전진

116 세탁기가 빨래를 짜는 원리를 실험해보자

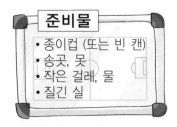

준비물
- 종이컵 (또는 빈 캔)
- 송곳, 못
- 작은 걸레, 물
- 질긴 실

실험목적

전기세탁기가 탈수 작업을 할 때는 세탁 드럼이 고속으로 회전하여, 원심력의 힘으로 물을 짠다. 짤순이의 원리를 실험해보자.

실험방법

❶ 종이컵(또는 캔) 주변에 돌아가며 송곳으로 구멍을 여럿 뚫는다.

❷ 종이컵 가장자리 3곳에 구멍을 뚫고, 거기에 그림과 같이 50센티미터 정도 길이로 3개의 실을 꿰어 하나의 매듭으로 만든다.

❸ 이 종이컵을 공중에 매단다.

❹ 종이컵 안에 물에 적신 걸레를 넣는다.

❺ 매달린 종이컵을 한 방향으로 계속 감아 매달린 줄이 잔뜩 꼬이도록 한다.

❻ 꼬인 줄이 풀리도록 손을 놓는다.

 실이 풀리면서 종이컵이 맹렬하게 돌면, 젖은 걸레의 물이 컵 벽에 뚫린 구멍으로 나온다.

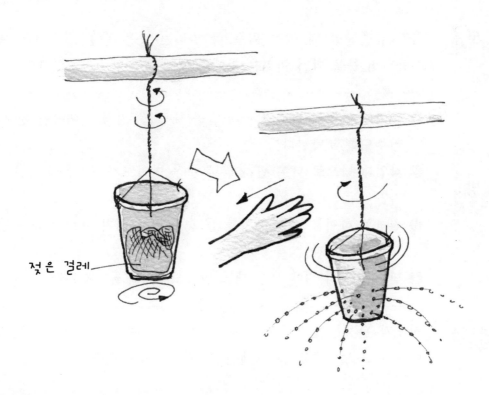

젖은 걸레

연구

컵의 회전 속도가 빠를수록 물은 더 단단히 짜진다. 즉 회전속도가 빠를수록 원심력이 커지기 때문이다. (원심력 실험은 〈혼자서 해보는 어린이 과학실험〉 54, 〈매직 과학실험〉 53, 54, 55번 실험 참고)

실험 117 관성을 이용하여 판자 끝에 못을 박는 법

준비물
· 판자, 못
· 쇠망치 2개
· 작업대
· 친구

실험목적
차가 급출발할 때 몸이 뒤로 확 밀리는 것은 관성 때문이다. 관성을 이용하면 못을 박기 어려운 곳에도 쉽게 못을 박을 수 있다.

실험방법
❶ 작업대 끝에 그림처럼 판자 끝을 내밀고, 판자 반대쪽을 친구가 눌러주도록 부탁한다.

❷ 작업대 밖으로 나온 판자 끝에 못을 박아보자. 쉽게 박을 수 있는가?

❸ 친구로 하여금 다른 망치를 들고 못 박을 위치 바로 아래를 받쳐주도록 부탁한다.

❹ 받쳐준 망치 위에 못을 대고 박아보자. 잘 들어가는가?

실험결과
친구가 판자를 잡아주어도 못을 박기는 쉽지 않다. 그러나 판자 아래에 망치를 덧대주면 그 위에는 쉽게 못이 들어간다.

연구
판자 아래에 받쳐준 망치는 그 자리에 정지해 있으려 하는 관성이 있다. 그러므로 망치로 못을 때려 박는 순간, 아래의 망치는 그 자리에서 내려치는 충격을 버티어 못이 박힐 수 있게 한다. 망치 대신 단단한 돌을 받쳐도 같은 효과가 난다.

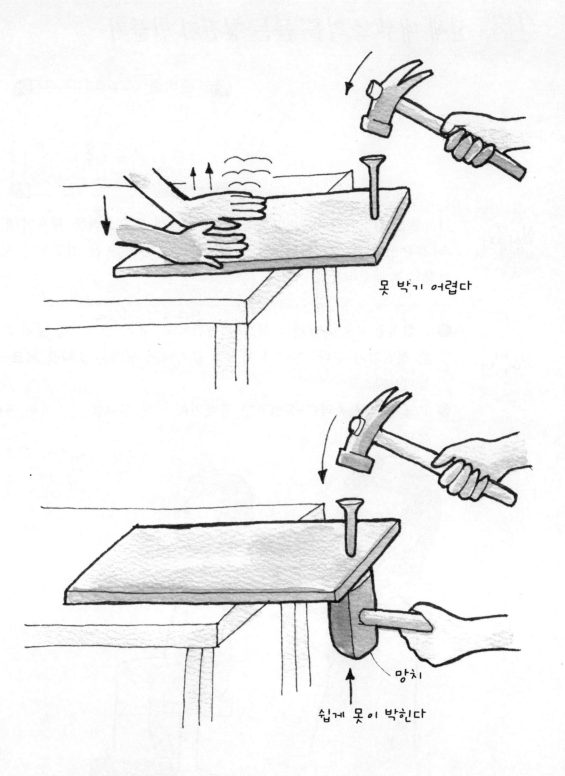

못 박기 어렵다

망치

쉽게 못이 박힌다

실험
(118) 신체 내부 소리를 듣는 청진기 만들기

준비물

• T나 Y 모양의 유리관
• 고무튜브 80센티미터 정도
  (또는 링거 주사용 플라스틱 관)
• 간장이나 기름을 따를 때 쓰는
  작은 유리 깔때기

 의사들은 청진기로 심장의 박동 소리와 폐의 호흡소리를 들으며 환자의 건강 상태를 진단한다. 청진기를 만들어 가족 또는 친구끼리 서로 심장의 박동소리를 들어보자.

 ❶ 그림처럼 T형 유리관에 튜브를 연결하고, 유리 깔때기를 달면 훌륭한 청진기가 된다. 친구나 가족의 몸속에서 생기는 소리를 서로 들어보자.

❷ T 또는 Y형 유리관이 없으면 깔때기에 외줄 튜브를 연결하여 들어본다.

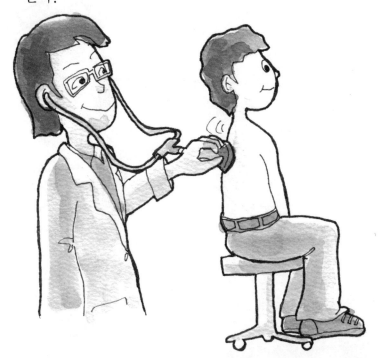

실험결과

나팔형의 깔때기로 소리를 모아 튜브를 통해 귀로 보내는 이 장치는 심장과 폐 또는 장의 활동 소리를 들을 수 있다. 외줄로도 신체 내부에서 생기는 소리를 들을 수 있다.

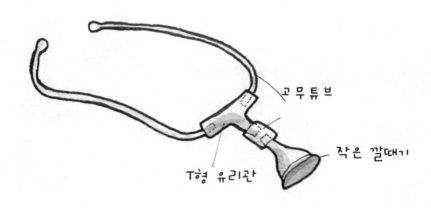

고무튜브

작은 깔때기

T형 유리관

아! 오!

아! 오!

 연구

빈 관속을 지나는 소리는 멀리 전달된다. 청진기는 1819년 프랑스의 라엔네크라는 의사가 처음 발명했다. 마당에 감아둔 긴 호스를 풀어 양쪽 끝에서 관을 통해 친구와 말을 해보자. 관을 통해 얼마나 소리가 잘 전달되는지 알 수 있다. 옛날 잠수함에서는 내부에 설치한 긴 금속관을 통해 각 선실 사이에 서로 통화를 했다.

실험 119 연필로 만든 해시계로 시간을 측정해보자

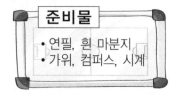

준비물
- 연필, 흰 마분지
- 가위, 컴퍼스, 시계

실험목적

옛 사람들은 해시계로 시간을 측정했다. 연필 한 자루로 해시계를 만들어보자.

실험방법

❶ 마분지 위에 컴퍼스로 원을 그리고, 가위로 가장자리를 따라 잘라낸다.

❷ 원의 중앙에 연필 끝 부분을 5센티미터 정도 꽂는다.

❸ 햇빛이 오래도록 잘 비치는 마당에 연필을 꽂는다.

❹ 시계를 보면서 지상에 선 연필의 그림자를 다른 연필로 그린다.

❺ 연필 그림자가 가장 짧은 때는 언제였는가?

실험결과

태양이 바로 머리 위에 온 12시 경의 그림자 길이가 제일 짧다. 태양이 머리 위에 오는 시간은 지역에 따라 조금씩 차이가 있다.

연구

아침저녁 그림자가 길어지는 시간에는 그림자 끝이 둥근 마분지 밖으로 나간다. 만일 시계가 없는 곳이라면 이 해시계가 시간을 측정하는 좋은 도구가 될 것이다.

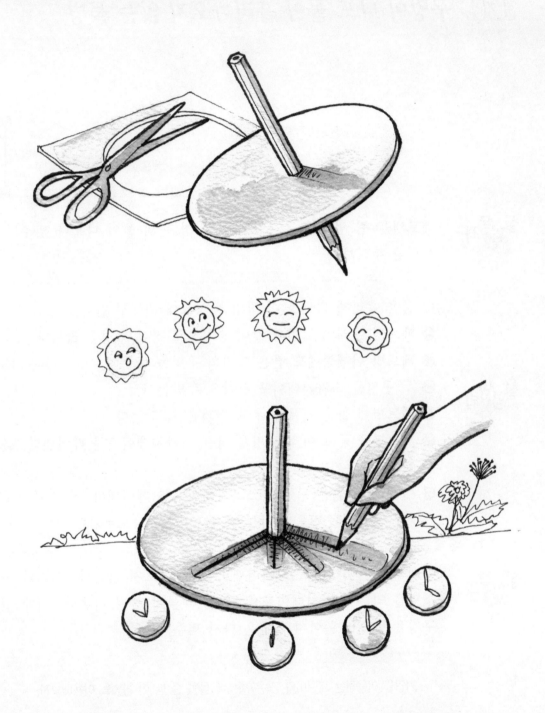

실험
120 구멍이 나도 물이 흘러나오지 않는 물병

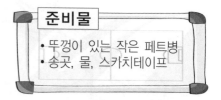

준비물

• 뚜껑이 있는 작은 페트병
• 송곳, 물, 스카치테이프

 실험목적

페트병을 쥔 엄지를 움직일 때마다 병 속의 물이 나오다 멈추다 하는 트릭을 부려보자.

 실험방법

(* 물을 흘리게 되므로 이 작업은 싱크대 위에서 한다.)

❶ 페트병 아래에 그림과 같이 송곳으로 작은 구멍을 뚫는다.

❷ 페트병 어깨쯤에도 같은 크기의 구멍을 뚫는다.

❸ 두 구멍을 스카치테이프 조각으로 막는다.

❹ 페트병에 물을 가득 채우고 뚜껑을 꽉 닫는다.

❺ 페트병을 들고 아래 구멍을 막은 스카치테이프를 떼어낸다. 물이 흘러나오는가?

❻ 어깨 쪽에 뚫은 구멍의 스카치테이프를 떼어낸다. 물이 쏟아지는가? 엄지로 구멍을 막아보자. 물이 계속 나오는가?

 실험결과

아래의 스카치테이프를 떼어내도 물은 나오지 않는다. 그러나 위쪽의 구멍을 막은 스카치테이프를 떼면 곧 물이 뻗쳐 나온다. 이때 엄지로 구멍을 막으면 쏟아지던 물은 다시 멈춘다.

연구

기압을 이용하는 트릭이다. 작은 화분에 물을 줄 때 이 방법을 이용해보자.

구멍을 열면

물이 나온다

어린이 과학총서

탐구왕의 과학실험

찍은 날 : 2006년 6월 25일
펴낸 날 : 2006년 6월 30일

지은이   윤 실
그 림   김승옥
펴낸이   손영일

펴낸 곳 : 전파과학사
출판등록 : 1956. 7. 23 (제10-89호)
주소 : 120-824 서울 서대문구 연희 2동 92-18 연희빌딩
전화 : 02-333-8877. 8855
팩스 : 02-334-8092
홈페이지 : www.s-wave.co.kr
E-mail   : s-wave@s-wave.co.kr
                chonpa2@hanmail.net
ISBN   89-7044-251-0   63400